茶道入门三篇（修订版）

制茶｜识茶｜泡茶

蔡荣章 著

中 华 书 局

图书在版编目(CIP)数据

茶道入门三篇:修订版/蔡荣章著. —北京:中华书局,2017.8
(2023.8 重印)
ISBN 978-7-101-12607-5

Ⅰ.茶… Ⅱ.蔡… Ⅲ.茶文化-基本知识 Ⅳ.TS971.21

中国版本图书馆 CIP 数据核字(2017)第 133223 号

书　　名 茶道入门三篇(修订版)
著　　者 蔡荣章
责任编辑 林玉萍
责任印制 陈丽娜
出版发行 中华书局
(北京市丰台区太平桥西里 38 号　100073)
http://www.zhbc.com.cn
E-mail:zhbc@zhbc.com.cn
印　　刷 三河市中晟雅豪印务有限公司
版　　次 2017 年 8 月第 1 版
2023 年 8 月第 3 次印刷
规　　格 开本/710×1000 毫米　1/16
印张 17¼　字数 130 千字
印　　数 14001-15500 册
国际书号 ISBN 978-7-101-12607-5
定　　价 88.00 元

目录

第二章　茶的识别 /63

第三章　茶的产业 /95

第四章　泡茶原理 /115

第六章　茶具搭配 /151

第七章　小壶茶法 /177

序

蔡荣章先生《茶道入门三篇——制茶·识茶·泡茶》一书修订新版，旧版于2006年出版，旧版之雏形、纲目部分源自1984年出版的《现代茶艺》，《现代茶艺》一书的内容则是蔡先生于1980年至1983年间在报章撰写专栏以及在《茶艺》月刊撰写评论整理而得的结集。当时发表的这些文稿皆来自蔡先生自1980年起在陆羽茶艺中心授课所用的教材或上课时所说过的观念（当时属现代茶文化复兴初期，很多观念正在整理，蔡先生有一些是先写后说，有一些是先说后写，也有部分来不及写的，学生依照他的口述做记录），那是一段对泡茶喝茶的状貌重新检视、用当代人的话说当代人的想法的时期。蔡先生所说所写皆跳脱既有框架，将茶道学习直接指向茶道最核心课题“如何泡好一壶茶”，并坐言起行实践起来。1981年创设“泡茶专用无线电水壶”，同年创立“小壶茶法”，1982年创设“泡茶专用茶车”，1983年创办泡茶师检定考试制度。根据这些实践所构造出来的茶道体系自此横空出世，在36年前是超前的，放在今天也是先进的。

这一套茶道体系在当时开风气之先的思考有：什么是泡茶？需讲求精准地把茶泡好，故反反复复从多个角度细述茶法。要在哪里泡茶？泡茶应设专门的空间来进行，故茶车的设计格局严谨、器物皆备。如何泡茶？泡茶应一丝不苟地一个步骤一个步骤完成，故有小壶茶法24则。喝茶时的做法？品茗应有欣赏境界、茶味需要用文字表达、品茶也需品水。谁来做这些事情？应有泡茶师，故此创立泡茶师检定考试制度。为何而作？所以产生了泡茶师箴言——“泡好茶是茶人体能之训练，茶道追求之途径，茶境感悟之本体”，这份箴言成为当代的茶道价值观，从此时代翻新了一页。

它的翻新，包括重新注解茶叶是如何诞生的，因只有懂得茶之后，人们才能爱泡茶、喝茶。蔡先生用日常说话语气、用尊重常识的态度述说萎凋、发酵、杀青、揉捻种种工艺的定义，令读者不必死背书就能明白。他的讲解是整个的语言与腔调的翻新，是人对茶的生命关注点的翻新，他提出：茶青采下后要不要马上下锅（对晾青与萎凋进行分析）、如何让茶固定在我们希望的状况下（对发酵进行分析）等等具有强烈启发性的问题，让读者自己思考，然后恍然大悟。蔡先生整理的茶叶各种类，其做法如：“轻萎凋轻发酵”“中萎凋中发酵”“重萎凋重发酵”“重萎凋轻发酵”“重萎凋全发酵”等等，让读者一下子明白过来，制茶的真实情况是要灵活机动应付的，它是一个不断在变化中追求不变的历程，每个制茶者都要克服气候与环境的挑战，好维持他一贯要的茶叶风格。这种非教条式的制茶原理突破一般教科书的僵硬生涩感，读来满嘴生香，非常享受，而且，这些道理明白了就不会再忘记。

说此书，是不能单单只说此书的，因其根本观念是蔡先生自1980年创立后一直沿用至今，并已逐渐发展成一套完整思想体系的作品。此书是一本小小的茶道全集，由制茶、识茶、泡茶三个看似不起眼却最关键的角度切入。他很少提起美学二字，但是，只要你能读出他解析制茶、茶法中的那些一丝不苟的理性程序，你知道那便是美。他用理性的措辞一条一条分析事情为什么要这样做、什么条件下不许这么做，以及如何能做得更精准……越是理性，越感觉到刻骨铭心，读者们越清楚需抱持怎样的态度来正视茶的生命、泡茶者的生命、品茗者的生命。

許玉蓮

2016年4月22日于紫藤茶艺学习中心

第一章　茶的诞生

一、茶是如何制成的

茶是采茶树新长出来的芽或叶作原料制造而成，这些被采下来的新芽或新叶被称为“茶青”，制造的过程包括“萎凋”“发酵”“杀青”“揉捻”与“干燥”，成茶以后尚可从事一些“精制”，使其外形更加美观、品质更加稳定，也可以从事一些“加工”，使其更加多样化。最后是“包装”成商品，提供消费者饮用。接下来我们就要逐一加以叙述。

上述所说的制造过程是概括性的项目，有些茶可以省略一些步骤，有些茶可以增加一些特殊的制程。

二、为什么有些茶看来很细嫩，有些茶看来较粗大——芽茶与叶茶

前面说过茶是采茶树新长出来的芽或叶制成，意思是说要“嫩”，老叶是不能拿来当原料的。但嫩中又有别，有些茶是愈嫩愈好，希望朵朵都带有芽心，但有些茶却希望是成熟一点的叶子，也就是等枝叶近成熟后才采。前者是以“嫩芽”为主要原料制成的茶类，称为“芽茶类”；后者是以“嫩叶”为主要原料制成的茶类，称为

茶树已长出新芽，可采摘作为制茶原料

茶树的叶子都已老化，要待下季发新芽才能采摘制茶

采收的茶青朵朵带有芽心，是制成芽茶类的原料

采收已近成熟的茶青，是制成叶茶类的原料

芽茶类泡开后的叶底

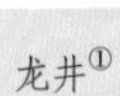

龙井①

碧螺春

白毫乌龙

红茶

普洱茶

①本图背景的纸片或杯口直径皆为5cm，本书这种拍摄方式的附图皆如此，乃为便于表示茶叶的大小。

叶茶类泡开后的叶底

凤凰单丛

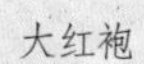

大红袍

包种茶

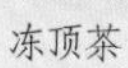

冻顶茶

铁观音

"叶茶类"。

您有没有发现喝龙井、碧螺春时，叶子比较细嫩，带有很多芽心；但是喝铁观音、武夷岩茶的时候，叶子就比较粗大，而且少有芽心，为什么呢？

因为以嫩芽为主制成的茶，其茶性比较细致；以嫩叶为主制成的茶，其茶性比较豪放。人们为了制成各种不同风味的茶来饮用，在原料上就开始有了不同的选择。我们买回来的茶，不论从干茶的外观或等泡开以后看叶底，都不难看出它是以嫩芽为主的茶还是以嫩叶为

龙井，采带嫩芽的茶青制成

碧螺春，采带嫩芽的茶青制成

主的茶。

“芽茶类”的茶并不是非要全部都是芽心不可，全部都是芽心当然是属质优的茶，但有人嫌它味道不够全面，且太奢侈，所以搭配一二叶刚展开的新叶是被允许的，这也就是所谓的“一心一叶”或“一心二叶”，到了“一心三叶”或“一心四叶”就难免影响品质了，但市场上还是可以看到这类茶，因为不是每个人都随时要喝那么高等级茶的。

铁观音，采顶芽已开面的叶子制成

武夷岩茶，采顶芽已开面的叶子制成

全部都是芽心制成的茶

“一心一叶”（前二叶）的茶青

“一心二叶”的茶青

“一心三叶”（前四叶）的茶青

“对口二叶”（前二叶）的茶青

“对口三叶”（前三叶）的茶青

“叶茶类”的茶青是等茶树这季的新枝长熟，枝头的顶芽已开面成叶片，新芽不再继续抽长（俗称已成“驻芽”），采下刚刚开面的二叶或三叶。最新开面的芽心会与前面一片新叶成“对口”的样子，所以茶青这时的状况被称为“对口二叶”，如果第三叶还没有变老，可以多采一叶，就称为“对口三叶”。开面叶的茶青比较容易制成带花香的茶，但滋味会嫌薄，所以最好掺杂10%~30%的带芽茶青，也就是在这片茶园的新枝尚未全部长熟之时就要开采。

“芽茶”就如同成长期间的青少年，“叶茶”就如同已经成熟、不再长高了的成年人，以它们作原料制成的茶当然有不同的风味。

“芽心”也称为“芽尖”，会因品种与采收季节的关系带有或多或少的茸毛，这些茸毛在成品茶上会显现出来，称为“白毫”。所以只要看到茶名冠有“白毫”或“毛峰”者，如“白毫银针”“白毫乌龙”“黄山毛峰”“临海蟠毫”等，就表示这种茶很强调白毫，它一定是选用茸毛较多的品种。这些以芽心为主要原料的茶，有些不强

龙井茶的白毫不明显，称为“毫隐”

白毫乌龙强调白毫的可见度，称为“毫显”

调白毫的凸显，制造过程中将茸毛压实，就成了所谓的“毫隐”，如西湖的“龙井茶”；相反，有些芽茶特别强调白毫的可见度，制造过程尽量将茸毛扬开，就成了所谓的“毫显”，如台湾的“白毫乌龙茶”。

三、茶青采下后要不要马上“下锅”——晾青与萎凋

茶青从茶树采摘下来后，如果要制造“不发酵茶”（如绿茶），则直接进行“杀青”（即所谓“下锅”），如果要制造“部分发酵茶”（如乌龙）或“全发酵茶”（如红茶），则进行“萎凋”。

如果直接进行杀青，还要看杀青的方法是“蒸青”（用蒸汽或热水将鲜叶蒸熟烫熟）还是“炒青”（下锅或滚筒炒熟）。蒸青时不太计较茶青是否含有露水，采收后径行蒸青；炒青时则不然，一般会让茶青摊放一段时间，使叶面水分稍微发散，称为“晾青”，尤其是含有露水或雨珠的茶青，晾青更是重要（所以有人说采茶不

近景为晾青，晾干茶青表面的水分；远景为进行日光萎凋

正山小种在走廊上晾干茶青

要太早，要等露水干后）。

要制造发酵茶（部分发酵茶或全发酵茶）的茶青必须先进行萎凋。所谓萎凋，是让茶青内部消失一些水分（不是干了），因为只有让叶细胞消失一部分水分，空气中的氧才能与叶胞内的成分起化学变化，这化学变化就是所谓的“发酵”，是发酵茶很重要的制造过程。

萎凋分为室外萎凋与室内萎凋。室外萎凋就是放在

室外萎凋，让茶青曝晒一下，太阳太强时要遮阴

正山小种在楼层上的萎凋

福鼎白茶之初步萎凋

阳光下晒太阳（太阳太强时要遮阴），待茶青变软后就要搬到室内来，以后就称为“室内萎凋”。搬到室内后，首先让茶青放着不要动，称为“静置”。这时叶子中央部位的水分就会补给到叶尖与叶缘去，因为这些部位是水分向外散发最快的地方。经过一段时间的静置（如一个半小时），水分已经分布平均，再将茶青搅拌一下，促使水分能够平均地继续散发。接着又是静置，使水分继续分布平均。就这样一次搅拌，一次静置……直到叶子的含水量都达到我们的期望值为止。

室内萎凋中的静置

室内萎凋中的搅拌

福鼎白茶之静置与搅拌

在萎凋的前半段，搅拌的主要目的是促使水分散发；到了后半段，搅拌的时间与力量都会加大，借着叶子与叶子间的相互磨擦，带动氧化（即发酵）的进行。所以搅拌又称为“浪青”。

水分的散发从叶子的表面是可以看得出来的，哪里的水分散失了，哪里的叶面的光泽就会消失，开始时是叶尖与外缘的光泽消失，接着是靠近叶尖的前半部，最后是叶基与叶柄等地方。等到各部分的细胞都消失了所需的水分，只要强力搅拌，并堆厚静置，就会发酵得很快，所以有所谓的“轻萎凋轻发酵”（如包种茶）、“中萎凋中发酵”（如铁观音）、“重萎凋重发酵”（如白毫乌龙）、“重萎凋轻发酵”（如白茶类）、“重萎凋全发酵”（如红茶）等各种做法。

萎凋与发酵是造成茶叶不同风味很重要的两项步骤，其中的日光萎凋尚可造就较为高亢的香气，“部分发酵茶”都以制出“高香”为傲，所以日光萎凋成了这类茶必经且重要的过程。但全发酵茶的红茶就不同，自从量产以后就将它塑造成较为低频的糖香型茶类，所以一般红茶可以不经日光萎凋，直接进行室内萎凋，且是程度

哪里的水分散失了，哪里的叶面的光泽就会消失

很高的萎凋，水分几乎消失至一半以上。

萎凋与发酵是很花时间的，例如上午采回来的茶青，若是轻萎凋轻发酵，要制作到晚上九时左右；若是重萎凋重发酵，要制作到快天亮；重萎凋全发酵时，若不是采用热风萎凋与提高湿度和温度的发酵方法，就要拖到三天以上。茶青采收后必须连续制作到完成，才能得到高品质的成品茶，所以制茶是辛苦的，尤其是部分发酵茶，还得全心关注它的发酵与香气已发展到什么程度。

萎凋在制茶界又被称为“走水”，这名词叫得很生动，萎凋过程中的水分散发确是在茶青尚有生机的情况下有秩序地进行的。水分沿着叶脉扩散，经由叶缘的水孔与叶面的气孔（大部分在叶底）蒸发。这与直接晒干是不同的，茶青必须在这样继续保持生机的状态之下，让茶青内的氧化酶带动各种成分与氧分子起化学变化，如此，茶叶的色、香、味才得以形成。若不小心将茶青晒干或阴干了，就成了“死叶”，是制不成什么让人喜欢的色、香、味的。

四、茶的色、香、味如何形成——发酵

发酵在一般茶上（排除如普洱茶的后发酵茶）是单纯的一种氧化作用，只要将茶青放置于空气中即可。就茶青的每个细胞而言，要先萎凋才能引起发酵，但就整片叶子而言，是随细胞的萎凋而逐渐进行的，只是在萎凋的后半段，加强搅拌与将叶子堆厚后会快速地进行。

发酵会对茶青造成下列影响：

茶的发酵只是一种氧化作用，单纯放置于空气中即可

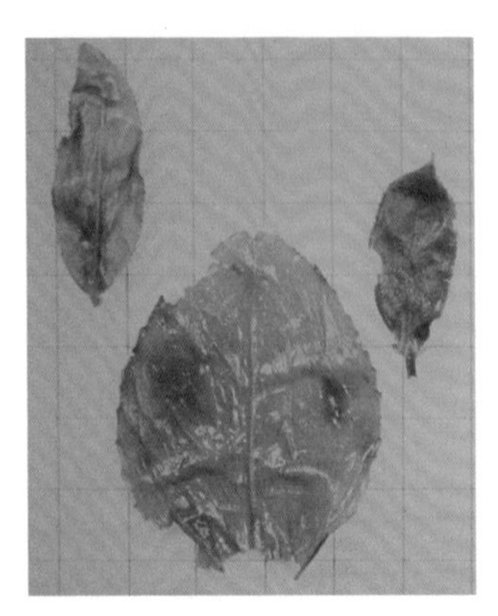

从泡开的茶叶看出发酵愈多颜色愈红（中间一叶发酵不平均）

1.颜色的改变

未经发酵的茶叶是绿色的，发酵后就会往红色变，发酵愈多颜色变得愈红，叶子本身与泡出的茶汤颜色都是一样。所以我们只要看泡出茶汤的颜色是偏绿还是偏红，就可以知道该茶发酵的程度。

绿到红的改变是渐进的，绿中加一点红就成草绿，再多加一点红就成金黄，再多发酵一点就成橘红，最后变成了红色。这些颜色在不同的茶叶上显现，龙井、碧螺春等，不论是叶子本身或是泡出的茶汤都显得比较绿，我们知道那是不发酵；红茶则显得很红，我们知道那是全发酵；这两类茶的中间还有一种茶，俗称乌龙茶的，如铁观音、武夷岩茶、凤凰单丛，颜色金黄，如白毫乌龙，颜色橘红，我们知道那是部分发酵。

2.香气的改变

未经发酵的茶，是属菜香型，如绿茶。让其轻轻发酵，如20%左右，就会变成花香型，如包种茶与清香型铁观音。让其再重一点的发酵，如30%左右，就会变成坚果香型，如武夷岩茶与凤凰单丛。让其再重一点的发酵，如60%左右，会变成熟果香型，如白毫乌龙。若让其全部发酵，则变成糖香型，如红茶。原属不发酵茶，但入仓让其后发酵，这样的后发酵茶就变成木香型，如普洱茶。

这里所说的发酵百分比是指叶子的红变程度。各类茶的发酵百分比不是法定的，说绿茶是不发酵，但有些人或有些茶区就是要它发酵一点点，于是多少有了一些花香，所以有人形容某种绿茶带有某种花香是不足为奇的。有些地区的红茶会让发酵有点不足，结果在糖香中显露了一些熟果香。

3.滋味的改变

发酵愈少的茶愈接近自然植物的风味，发酵愈多，离自然植物的风味愈远。龙井、清香型铁观音等主要欣赏茶的自然风味，但喝红茶时我们不太会想到它是叶子做成的。

发酵对茶青造成的影响如上所述，剩下的就要看制造者的意图了。若想制成最接近自然植物的风味，那就不要让茶青发酵，结果制造出来的茶就是绿色的茶、蔬菜香的茶，也就是市面上所称呼的绿茶。如果不喜欢它那么绿，而希望起一点变化，那就让它轻轻地发酵，如20%，结果就会制造出绿中带黄的茶汤、花香型、还蛮接近自然植物风味的茶，这就是市面上所说的包种茶、清香型铁观音之类。如果发酵再重一点呢？如30%左右，那就会变成蜜黄色的茶汤、坚果香、离植物原始风味稍远的茶，就是市面上所说的熟香型铁观音、武夷岩茶、凤凰单丛之类。如果让它重重地发酵，如60%左右，那就会是橘红色的茶汤、熟果香、离植物原始风味颇远的茶，就是市面上所说的白毫乌龙。如果让它全部发酵，那就是红色茶汤、糖香、人工化风味最重的红茶了。

到了我们所需要的发酵程度后怎么办呢？杀青，让发酵固定在那个程度上。

除了上述那种纯氧化作用的发酵外，还有一类茶是先不发酵，待杀青后，揉捻，然后入仓堆放或存放，在温湿度与时间的控制下(可能是数个月，也可能是数十年)，为这时的半成品茶造就另外一种方式的发酵。汤色变红，滋味变得厚重醇和，就是市面上所通称的普洱茶之类。为有别于上述那种杀青前的发酵，这种杀青后的发酵就被称为“后发酵”。

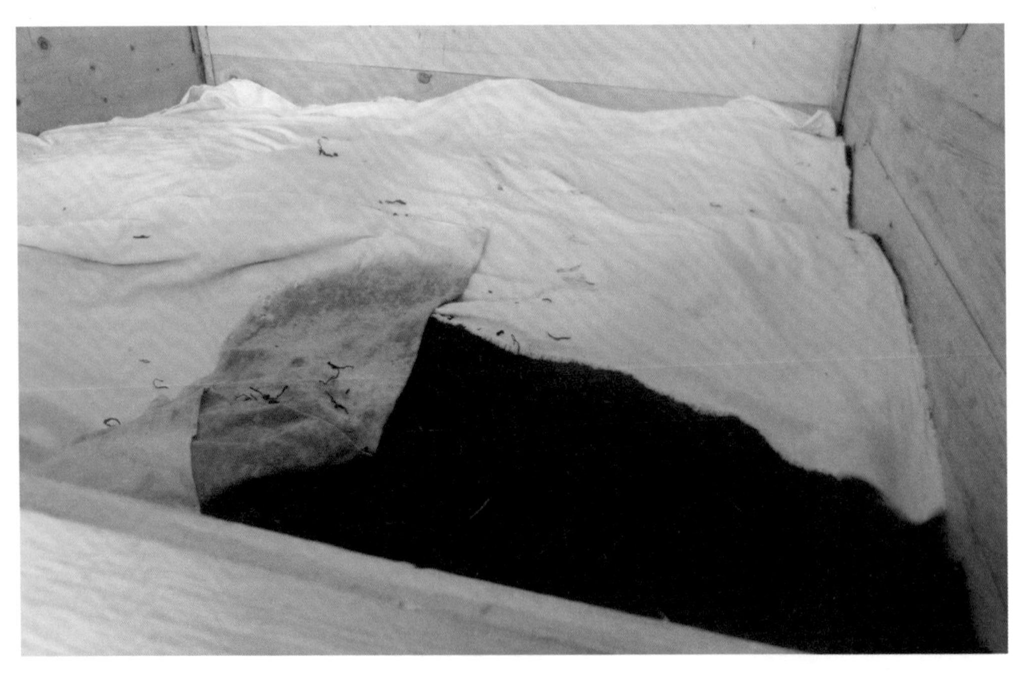

普洱茶类的渥堆

五、如何让茶固定在我们希望的状况下——杀青

简单地说，杀青就是利用高温杀死叶细胞，也就是降低氧化酶的活性，停止发酵，让茶青固定在我们希望的发酵程度。方法有二：一是用炒的方式，称为炒青。传统的是用锅子炒，现代化的是用滚筒式杀青机。二是用蒸的方式，称为蒸青，也就是用蒸汽或滚烫的热水将茶青蒸熟或烫熟。我们平时喝到的茶绝大部分是用炒的方式，只有少部分绿茶才用蒸的方式（如日本的玉露、煎茶、抹茶）。

炒青的茶比较香，但蒸青的茶比较绿。

用锅子进行杀青

云南的山寨小作坊炒茶青

炒青间

用滚筒进行杀青

用蒸汽进行杀青

六、茶性的塑造——揉捻

揉捻就是把杀青过的茶青拿来像揉面一般地揉。这时的茶青如果是湿的（因蒸青的关系），要用热风吹干叶面，如果是炒青过的，虽然表面看来是干的，但里面还是湿的，所以揉捻时只要使力得当，是不会把茶青揉破、揉碎的，但是可以把里面的茶汁揉出来。茶汁只能揉出表面，不能让其流失，当茶汁外渗太多时，揉捻的压力应稍小，使茶汁回吸。揉捻有三大作用：

a.揉破叶细胞，使成分在浸泡时容易溶出。

b.使茶叶成紧实状，以利保存。（若不揉捻，制成的茶叶就像晒干的落叶，手一抓就破，很难包装与运输。）

c.利用揉捻的轻重与使力的方向，塑造茶叶不同的外形与风味。

揉捻如何塑造茶叶不同的风味呢？揉捻是对杀青后茶叶原料的一种折磨(或说是历练)，揉捻轻者，茶性比较清扬，有如小提琴的风格；揉捻重者，茶性比较低沉，有如大提琴的风格。揉捻的轻重决定于揉捻时所施的压

手工揉捻（乌龙茶）

手工揉捻盘

手工揉捻（绿茶）

云南山寨小作坊的茶青揉捻

力大小、温度高低与时间长短。传统的揉捻使用手工在垫板上搓揉，现代化的揉捻使用揉捻机。

需要重揉捻时，有一种做法是用一条布巾将经过初揉的茶青包成球状，然后一手抓住布巾的头，一手将布球依同一方向揉搓，并使其滚动，如此“布球”就愈揉愈紧，紧到一定程度，放置一旁，让其降温固形。一组数球揉过后，逐一打开将茶青松散（称为“解块”），加热后再行包布、揉捻。这样一次又一次，直到揉成需要的外形与茶性。这种揉捻的方法称为“布揉”，也叫“团揉”，是属中、重揉捻的做法。

从揉捻的轻重可将茶叶分成轻揉捻、中揉捻与重揉捻三种类型：轻揉捻就是一般人所说的“条状”，中揉捻就是一般人所说的“半球”，重揉捻就是一般人所说的“全球”。

轻揉捻除乌龙茶类揉成自然弯曲的所谓“条状”外，还包括直线形来回把茶青压揉成“扁平状”（如龙井、煎茶）或滚揉成“针状”（如雨花茶、眉茶、玉露）的做法。

揉捻机

初期研发的手动揉捻机

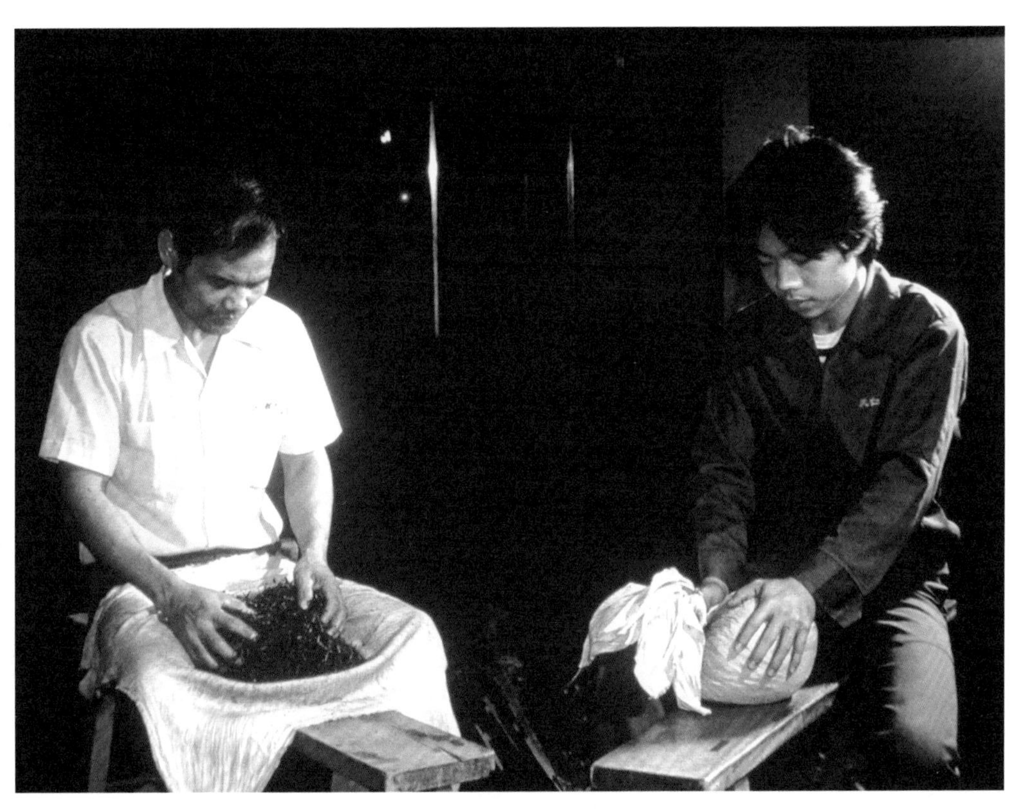

用布巾把茶包起来揉捻，称为“布揉”或“团揉”

另外还有一种更轻的揉捻，只是轻轻地拨弄一下，茶青几乎维持原来的样子，如维持原来的“片状”（如瓜片）、维持原来的“芽心状”（如白毫银针）。

还有一种茶看起来成圆珠状，但那是“卷”成，而不是如乌龙茶包布揉那样地把茶青“揉”压，我们也将之列为“轻揉捻”的范围（如绿茶中的珠茶）。

至于重揉捻，在乌龙茶类称为“球状”，是在布球内长时间“边揉边焙”而成；但在红茶，只是加重揉的压力，而不使用包布揉，结果，就被重揉成“细条状”（俗称为“条形红茶”）。所以揉捻的轻重要看叶细胞被揉破的程度，而不是看外形。

红茶是重揉捻的茶，除揉成“细条状”外，尚可在重揉后继续切碎成“碎形红茶”。

轻揉成“条状”的乌龙茶

轻揉成“扁平状”的龙井

轻揉成“针状”的玉露

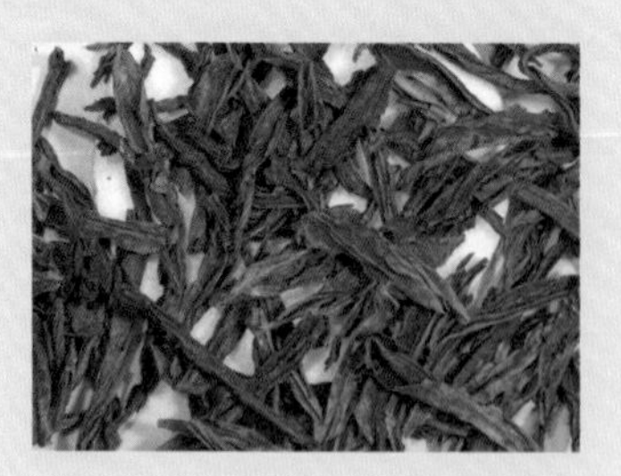

极轻揉，茶叶几乎维持原“片状”的瓜片

极轻揉，茶叶几乎维持原“条状”的白毫银针

揉捻时被卷成“圆珠状”的珠茶

重揉捻成“球状”的铁观音

重揉捻成“细条状”的条型红茶

重揉捻，且被切碎的碎型红茶

七、茶的醇化——渥堆与陈放

一般茶青制作到揉捻时已算告一段落，剩下的只是干燥，但“后发酵茶”在杀青、揉捻后可以有一“堆放”的过程，称为“渥堆”，就是将揉捻过的茶青堆积存放（若已先行干燥，则喷水后堆放）。由于茶青水分颇高，堆放后会发热，且引发了微生物的生长，就因为热度与微生物的关系，使茶青产生另一种的发酵，茶质被降解而变得醇和，颜色被氧化而变得深红，这就是所谓的“渥堆普洱”。

另一种普洱茶称为“存放普洱”，那是在揉捻、干燥后，放置于空气中，控制好所需的湿度与温度，任其自然产生后氧化，数年后就成了存放普洱。这种控制温湿度的存放就是所谓的“入仓”。存放普洱即市面上常听到的青饼或青沱，渥堆普洱则常被称为熟饼或熟沱。（“饼”者是将茶压成饼状，“沱”者是将茶压成碗状。另有所谓的“茶砖”，是将茶压成砖状。）

渥堆后可以进入初期饮用的阶段（没有渥堆的初制茶尚未形成后发酵茶的特质），但渥堆、干燥后仍然需要存放以达到醇化的效果。不管渥堆普洱还是存放普洱的存放，都必须掌控好温湿度与所需的岁月。

青沱，属“存放普洱”

熟沱，属“渥堆普洱”

八、制茶的完成——干燥

干燥就是把制作完成的茶青(这时已成了初制茶)的水分蒸发掉。

有些茶讲究颜色的翠绿，会选用低温干燥法，如成茶后将研磨成抹茶的“碾茶”（日本茶的称呼）。

干燥的时候，有些茶直接在杀青的锅子里炒到干，如传统的西湖龙井。

有些茶在萎凋后直接烘干，如重萎凋轻发酵的白茶，重萎凋后已几近干燥，所以就直接烘干，这种情况之下也无所谓还要杀青了。这时茶青的含水量太低，也不适合再做揉捻，也因此产生了不炒不揉的白茶。

有些茶发酵完全后（即全发酵）就直接进行干燥，因为已无杀青停止发酵的意义，如红茶。为了加速发酵，红茶的揉捻会在萎凋后期为之，然后进入控温控湿的发酵室，待发酵到足够的程度就直接进行干燥。

杀青后继续在锅子内进行揉捻与干燥

“晒干”是后发酵茶特有的干燥方式。图为云南山寨小作坊的晒青

有些茶的干燥会用曝晒的方式，曝晒可以不完全抑制氧化酶的活性（即杀青不彻底），以利后发酵的进行，如普洱茶。

一般的茶类都是在揉捻完成后进行干燥，可用炭火干燥，可用瓦斯热风干燥，也可用电热干燥。如碧螺春、包种茶、冻顶、铁观音等。

上述所说的干燥是“初制”的最后一道工序，从采

揉捻后的茶青以热风干燥机快速进行“初干”

自走式干燥机

不炒不揉的白茶

青到此方告一段落，也才可以休息。但这样制成的茶，茶叶的活性尚旺，品质并未稳定，如果就这样存放销售，很容易变质。有如新伐的木材虽然已经干燥，但制成的家具很容易反翘，若将干燥后的木材放置半年、一年再制的家具就比较不容易失败了。茶叶初制后最好也是先存放一段时间（如十天或一个月），再补足干燥一两次，称为“复火”，茶的品质就会比较稳定。

茶叶长时间存放，受潮后的再干燥也称为“复火”，目的都只是在补行干燥。温度不能太高（如不超过90℃），否则茶性会被改变，而产生了“焙火”（加工的一道制程）的效应。有些茶类的复火不宜以“热”的方式进行，如绿茶、白毫乌龙、红茶、后发酵普洱茶等，因为容易破坏该种茶应有的茶性，所以尽可能采取低温的干燥方式，如利用除湿机、生石灰、干燥剂等。

九、茶叶的另一种保存方式——紧压

紧压就是把制成的茶蒸软后加压成块状，这样的茶就被称为紧压茶，除便于运输、贮藏外，蒸、压、放的过程中也会为茶塑造出另一种老成、豪放的风味。蒸，使茶再度受热受潮，增加黏度；压，利用茶叶本身的胶质使叶子紧密连结在一起，稳定了其后陈放期间受潮、陈化的速度；放，继续“紧压”前一些成分的降解与熟化，使茶质变得更醇和。紧压茶的存放年份是决定市价很重要的因素，当然入仓存放的效果也很重要。

各类茶都可以制成紧压茶，不限于普洱茶之类。

紧压的形状有圆饼状、有方砖形、有碗状、有球状、有柱状……紧结程度也有所不同，有些紧压茶只要用手一掰就可以剥开，有些紧压茶就非得用工具不可。紧结的程度也会影响存放的效果，紧结程度高者，后氧化的效应慢，茶性显得结实；紧结程度低者，后氧化的效应快，茶性显得豪放。

紧压茶的工厂

紧压茶的“慢干”是很重要的过程

紧压茶有各种形状

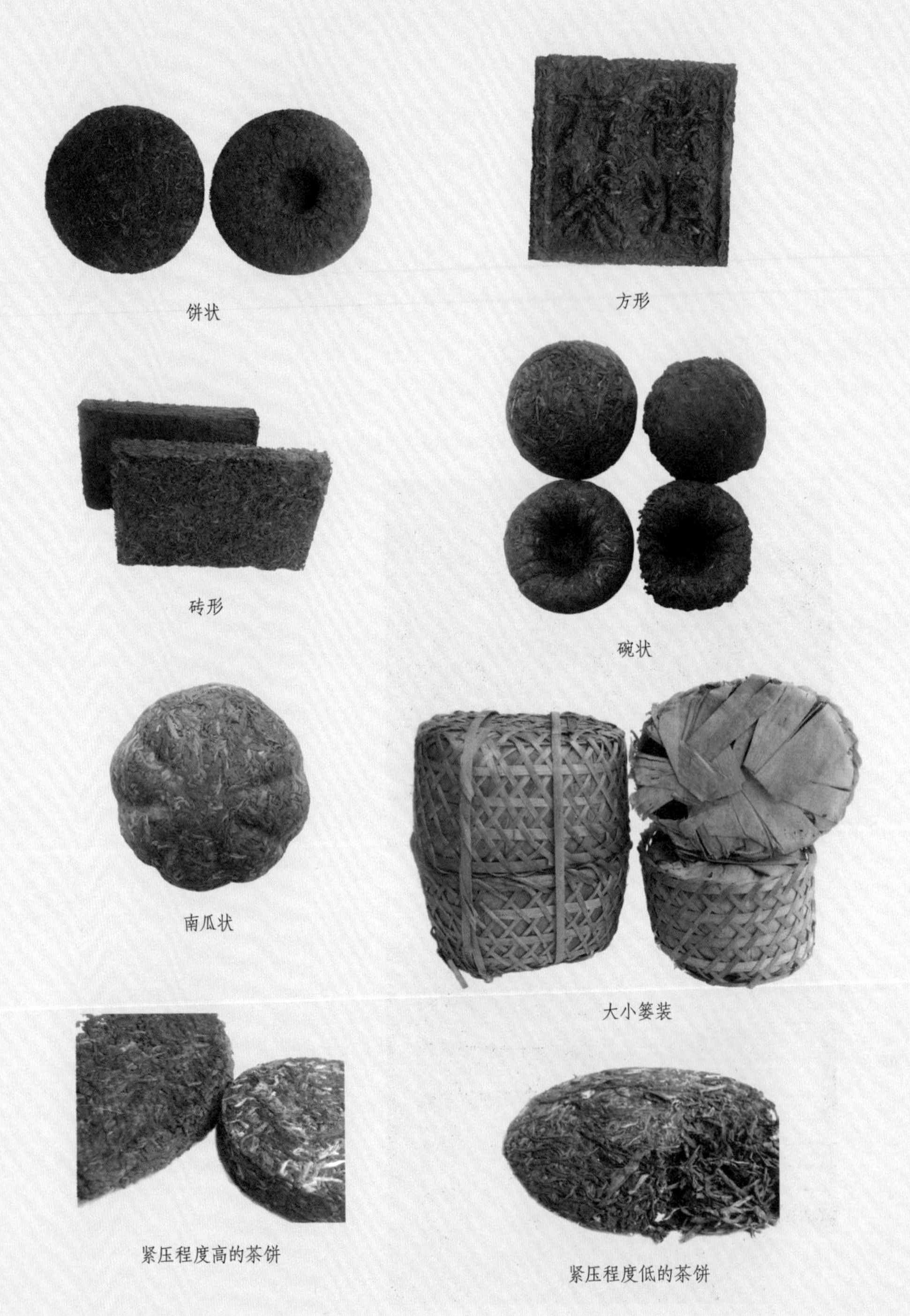

饼状

方形

砖形

碗状

南瓜状

大小篓装

紧压程度高的茶饼

紧压程度低的茶饼

十、第一类茶——不发酵茶

茶的总体制造过程包括萎凋、发酵、杀青、揉捻与干燥，如果要制作不发酵茶，则省略掉引起发酵的两项步骤——萎凋与发酵，茶青采下后径行杀青，然后揉捻、干燥，如此制造成的就是绿茶。

又因杀青方法之不同分成蒸青绿茶与炒青绿茶（含烘青绿茶），前者如玉露、煎茶、抹茶，后者如龙井、碧螺春、珠茶。

又因揉捻方式的不同分成线型压揉的龙井、螺旋式揉捻的碧螺春、圆形滚揉的珠茶、弧形炒揉的眉茶、轻揉成片状的瓜片等等。

如果在揉捻或干燥的过程中增加“闷黄”的工序，也就是趁热将茶叶闷一下，这种不发酵茶就会变得偏黄，喝来也不像绿茶那么生冷，这类茶就被称为黄茶，商品名称如霍山黄芽、蒙顶黄芽等。

如果在揉捻后增加渥堆的工序，使其产生后发酵作用，这种不发酵茶就被称为黑茶。常喝到的普洱茶有一半归属这一种，俗称渥堆普洱。另一半是不经渥堆，干燥

蒸青绿茶——玉露

蒸青绿茶——煎茶

蒸青绿茶——抹茶

线型压揉的龙井

螺旋式揉捻的碧螺春

圆形滚揉的珠茶

弧形炒揉的眉茶

轻揉成片状的瓜片

属后发酵茶类的六堡茶

篓装的六堡茶，不是茶饼

或紧压后入仓，在控制温湿度的情况之下存放数年或数十年以达后氧化作用，这样制成的普洱茶就称为存放普洱。渥堆普洱依旧需要存放方能达到圆融的状况，只是不像存放普洱那么依赖岁月。

综上所述，不发酵茶若依成品茶的外观颜色而分，可分成绿茶、黄茶、黑茶三大类，但黑茶在此是指后发酵茶而言，而后发酵茶又包含了外观颜色不黑的存放普洱（这里的普洱是指后发酵茶的统称，包括砖茶、千两茶、伏砖、六堡茶等），所以我们要将黑茶的“黑”字作为概念性的称呼，指后发酵之意。

十一、第二类茶——全发酵茶

全发酵茶就是发酵时让它尽情发酵，但非常花时间，所以制茶时都在“重萎凋”之后，先行揉捻，如果要制成碎型红茶，也趁此机会将之切碎，然后专设一间“发酵室”让其在一定温度与一定湿度之下补足发酵。

红茶在“发酵室”内补足发酵

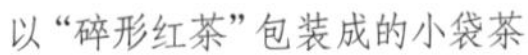

以“碎形红茶”包装成的小袋茶

武夷山桐木关生产的正山小种

所以如果有人问起，何种发酵茶的揉捻是在发酵之前从事的？答案是只有红茶，其他茶的揉捻都在发酵之后，而且都在杀青之后。由于是全发酵，所以“停止发酵”的杀青就失去了意义，都在发酵后直接干燥。

如果讲究采青时的外形，制造时也不切碎，制成的就是所谓的“条型红茶”；相对的，切碎的就是所谓的“碎型红茶”，碎型红茶都用来包装成小袋茶。

用大叶种的茶树品种制成的红茶称为“大叶红茶”，用小叶种的茶树品种制成的红茶称为“小叶红茶”。福建武夷山桐木关所生产的“烟小种”（如称正山小种者）就是小叶红茶的一种，在促进发酵与干燥期间以松枝等有香木材为燃料加以熏制。“阿萨姆红茶”是以阿萨姆大叶种茶树制成的大叶红茶。

十二、第三类茶——部分发酵茶

除了不发酵茶与全发酵茶，剩下的就是“部分发酵茶”。最轻度发酵的是白茶类，它是重萎凋轻发酵做法制成的茶叶。一般茶在重萎凋后，只要一搅拌就会红得很快（也就是发酵得很重），因此白茶在重萎凋后不太搅拌，以求得轻发酵的效果，如此，得以兼收重萎凋与轻发酵的风味。市面上常见的有白毫银针、白牡丹与寿

重萎凋轻发酵不揉捻的白牡丹

轻萎凋轻发酵轻揉捻的包种茶

轻萎凋轻发酵中揉捻的冻顶

眉等。

比白茶类再重一点发酵的是包种茶与冻顶，如果说白茶是微发酵，那包种茶、冻顶则为轻发酵，是轻萎凋轻发酵的做法。这两类茶不只同属轻萎凋轻发酵，且同属叶茶类，只是冻顶要比包种茶采摘得成熟一些，发酵也稍重一些。揉捻则明显不同，包种茶是轻揉捻，成自然弯曲的形状；冻顶是中揉捻，加上布揉，揉成半球卷曲的形状(近来流行揉成球状)。

再接下来的就是中萎凋中发酵的茶了，这类茶都属叶茶类，比前一类茶采摘得更成熟些，而且都很依赖焙火的火工（于“加工”项目详述）。这类茶包括铁观音、水仙、佛手、凤凰单丛、武夷岩茶等。铁观音习惯上都采包布揉的重揉捻，造成球状卷曲的外形。水仙、佛手在台湾也采包布揉的重揉捻，在福建则多采不包布揉的轻揉捻，形成自然弯曲的条型茶。凤凰单丛也是条型茶，是广东地区特有的乌龙茶，很注重每棵老茶树不同的香型。岩茶是福建武夷山茶区所产茶叶的总称，因为那个地区所产的茶有股当地砾质壤土（由岩层风化而成）的风味，故称岩茶。除水仙、佛手外，常听到的名茶有大红袍、水金龟、铁罗汉、白鸡冠等，现市场上有将武夷山的茶统称为大红袍者。武夷岩茶也属条型茶。

部分发酵茶的最后一类是重萎凋重发酵的白毫乌

中萎凋中发酵轻揉捻的焙火茶——大红袍

重萎凋重发酵轻揉捻的白毫乌龙

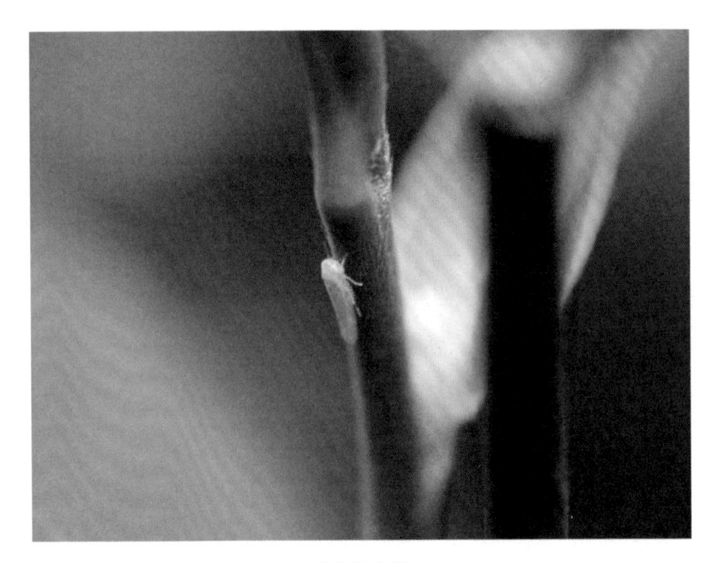

茶小绿叶蝉

龙，这类茶有异于上两类茶：一、轻萎凋轻发酵与中萎凋中发酵是叶茶类，而白毫乌龙则属芽茶类。二、白毫乌龙除重萎凋、重发酵、嫩采、轻揉捻（成自然弯曲状）外，还希望是“茶小绿叶蝉”叮过的茶青，这样制成后才有熟果加蜂蜜的香味，是台湾地区的特色茶。

白毫乌龙采一心一叶或一心二叶的茶青为原料，重萎凋重发酵后，芽心带茸毛呈白色，初展新叶已变红，全开面的第三叶还只是变黄，颜色变化多端，有“三色茶”或“五色茶”之称。白毫乌龙还要求采摘时是什么样子泡开后也要是什么样子，结果一朵朵花样美姿飘浮水中，非常漂亮，汤色又呈橘红，加上毫香、果香、蜜香，一副娇艳的模样，外销欧洲，获得“东方美人”的称号。

前面说过它的茶青希望被茶小绿叶蝉叮过，所以在台湾地区又有“着延茶”的别称，台湾话中“着延”是漫延到虫害的意思。

白毫乌龙又被称为“膨风茶”，因为它一向就很高价，喝它的人会被批评为“膨风”，“膨风”在台湾话中的意思是爱排场、会花钱。白毫乌龙可谓故事最多、称号最多的茶了。

前面说到白毫乌龙采摘时是什么样子，泡开以后也要还原成原来的样子，这就意味着制成茶后是不将叶与梗分离的，这种成品茶枝叶不分离的茶况称为“枝叶连理”。一般讲究“干茶外形美、泡开后在茶汤中也美”的茶类都会要求枝叶连理，而这类茶也都属于芽茶类，一方面是芽茶类嫩采带芽心，或单采芽心、或采一心二叶，外观上已是比较好看，另一方面是芽茶类嫩采，干燥容易，不必将叶与梗分离。

若是成熟采的叶茶类，制成后总希望进一步将枝、叶分离，免得“叶片的基部”与“茶梗”连接的地方干燥不易，这种茶况称为“枝叶分离”（俗称为捡枝或挑

枝叶不分离时称“枝叶连理”（以芽茶类的白毫乌龙为例）

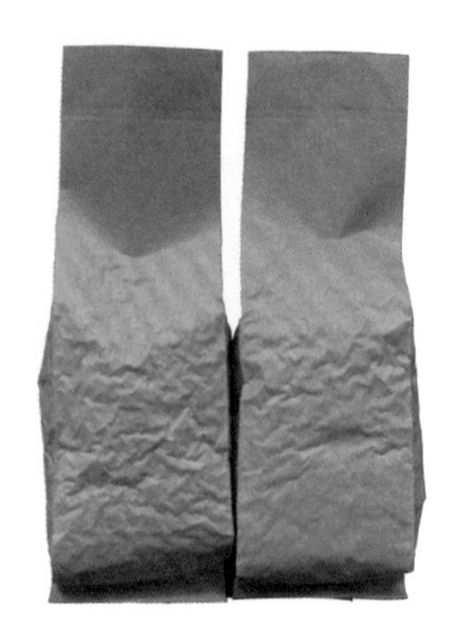

真空包装的茶

叶茶类讲究“枝叶分离”（以叶茶类的铁观音为例）

梗)。干燥不易是指其后复火与焙火时,不是某一部位的火候不够,就是某一部位过了火。干燥度或是火候不平均也不利于久放成“老茶”。

近年来由于人力缺乏,叶茶类不将枝叶分离者渐多,另一个理由是大家强调新鲜喝,将初制茶趁新鲜时真空包装,甚至进一步冷藏,因此不将枝叶分离在短时期内也没什么大碍。

十三、茶之精制

茶青经过萎凋、发酵、杀青、揉捻、干燥等制造工序后(不发酵茶省略前两项,后发酵茶在揉捻后增加渥堆或入仓等程序)制成的茶称为“初制茶”,这样的成品茶品质并不稳定,不能就此推向市面,否则放一段时间后容易变质。这里说的变质不是说喝了会坏肚子,而是欣赏价值降低。初制茶必须再经过精制的过程,茶才算完全制成。

茶的精制分成下列三种状况:

1.高级茶的精制

这里所谓的高级茶是指人工采摘,或虽由机器采摘,但原料经人工挑选过,这样制成的茶,除筛掉细末、捡掉粗片,以及叶茶类的挑梗外,主要是放置一段时间后的再干,也就是通称的“复火”。芽茶类用低温复火(如60℃以下),叶茶类可用较高的温度,但也不要超过90℃。这个精制过程主要在行“后熟”作用。

2.普及型茶叶的精制

这类茶在当代几乎都是机器采青,制造过程也大量仰赖自动化设备,初制完成后,必须经过“筛分”(筛分成粗、中、细不同的外形大小)、“剪切”(将太大的条索

将茶“筛分”成大小不同的堆

将粗大的叶片“剪切”成所需的规格

“挑梗”，即挑掉茶枝。图示为电子自动选别机

“整形”，使外观更加规格化

“风选”，将细末、粗片吹掉

剪成所需的规格)、“挑梗”(挑掉茶枝)、“整形”(使外观更加规格化)、“风选”(将细末、粗片吹掉)、“拼配”(将同一等级的数堆茶混合,或依品质特性加以调配)、“复火”(再一次干燥)等过程。

3.后发酵茶的精制

后发酵茶在揉捻、干燥后就可以视为初制完成,这些茶的精制主要是指“筛分”与“拼配”。

若以生茶及散茶的面貌上市,这时就算完成了制作,如果要以熟茶及散茶的面貌上市,就要从事“渥堆”。如果前面的生茶与熟茶要以“紧压茶”的面貌上市,就要再从事“紧压”。

这些茶若只是粗制完成,不管是生茶或熟茶,其欣赏价值都还不高,必须经过长时间的存放才能表现出应有的风味。我们将“渥堆”“紧压”“存放”归纳在“加工”之中。

十四、茶之加工

茶到了精制程序之后,已是成品,可以包装上市了,但为了使茶更加多样化,可以拿来再做些“加工”。

这里所说的“加工”是指成品茶的加工,但有些地方把“茶青”制成“成品茶”的过程称为“茶叶加工”,应注意其间意义的不同。

加工可分成五个方面加以叙述:

1.熏花

茶很会吸收别的气味,如在存放油漆的地方,茶很快会有油漆味。我们就利用它的这种特性,让它吸收我们喜欢的香气,如我们将茉莉花与之拌在一起,它就会吸收茉莉花的香而成茉莉花茶,将桂花与之拌在一起,

熏制茉莉花茶

熏制桂花茶

它就会吸收桂花的香而成桂花茶……

花是要新鲜的花，而且是含苞待放的花，因为干了的花是不香的。但拌以新鲜的花，茶叶不是会受潮吗？所以在熏过花后还要"复火"一次。那花干要不要筛掉呢？依花干是否尚有饮用上的效用而定，如茉莉花干已无滋味上的效用，可以筛掉，留一些在茶内只是点缀而已。桂花则不一样，干燥过的桂花尚有滋味上的效用，所以桂花茶是不筛掉桂花干的，而且冲泡时还要将桂花干平均掺入一些。

熏花一般要熏多长时间呢？八小时左右。这里所说的"熏"，只是将花与茶依一定比例（如20%）拌在一起而已，并未加热，但花与茶拌在一起后会发热，太热时还要翻拌一下使其散热（谓之"通花"）。"熏花"有人写成"窨花"，但读音是一样的。以绿茶熏制而成的"花茶"俗称"香片"。

筛掉熏制过的茉莉花

熏花是可以多次进行的，因为如果只是熏一次，香气并未入里，冲泡一次、两次后就没有花香了。改善之道可以再熏制一次，也就是在“筛花”后，重新拌入另一批新鲜的花朵，再重复制作一次，这样制成的茶就称为“双熏花茶”。如果还嫌不够，还可以再重复熏制一次，那就是“三熏花茶”了。但大家得记住，我们是在喝茶，只是藉花衬托茶味而已，所以制茶老师傅会提醒我们：“七分茶三分花。”

什么茶配什么花有没有一定准则？没有。但一般人会考虑相不相配的问题，如茉莉花与桂花，比较起来茉莉花较“年轻”，桂花较“成熟”，所以我们会用包种茶或绿茶熏茉莉花，用冻顶或铁观音熏桂花。

2.焙火

如果我们想让制成的茶有股火香，感觉上比较温暖，可拿来用火烘焙。焙火的轻重也会造成茶叶不同的

以木炭为燃料的焙茶间

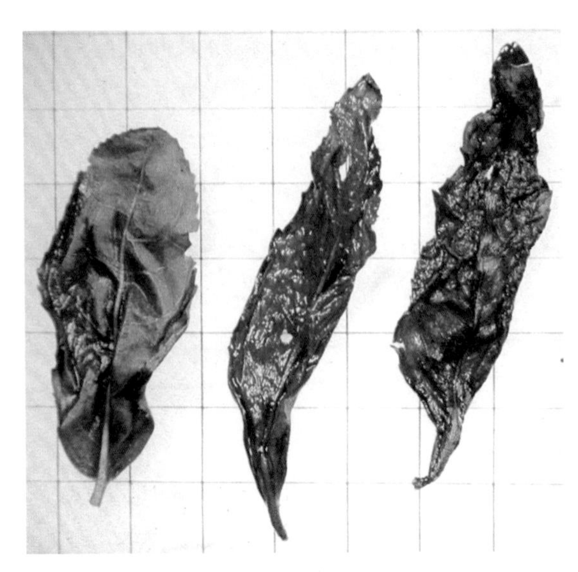

从叶底看焙茶，从左至右逐渐加重

风味，焙火轻或不焙火者喝来感觉比较“生”，焙火重者喝来感觉比较“暖”。我们从外观上能不能看出焙火的轻重呢？焙火轻者，颜色较亮；焙火重者，颜色较暗，这颜色包括茶干的颜色与冲泡后茶汤的颜色。在“发酵”时我们谈到过：发酵愈轻，颜色愈绿；发酵愈重，颜色愈红。焙火所影响的是颜色的深浅，也就是明度的高低，焙火愈重，明度愈低；焙火愈轻，明度愈高。

在品饮的口感上有何差异呢？喝不焙火或轻焙火的茶有如吃清蒸、清炒的菜，喝重焙火的茶有如吃红烧的菜。对身体的效应有何不同呢？喝不焙火或轻焙火的茶比较寒，喝焙火的茶比较不寒。茶是寒性的食物，焙火可以让它不那么寒，但也不至于产生热的效用。

一般我们所谓的生茶与熟茶，主要是指焙火而言。但茶青采得愈成熟，揉捻愈重、发酵愈多，也是偏熟的几个因素；茶青愈嫩、揉捻愈轻、发酵愈少，则是偏生的因素。所以要判断那一种茶比较熟，就分析焙火、茶青、揉捻与发酵四个因素，偏熟因素多者就是较熟。

3.调味

调味就是把喜欢而且可以食用的食物与茶拌在一起，如把洛神花切碎了与红茶掺在一起，就成了洛神红茶，把薄荷切碎了与包种茶掺在一起，就成了薄荷茶。将食用香料掺入茶中的做法也称为调味，如加入苹果香料而成苹果茶，加入柠檬香料而成柠檬茶。

调味茶必须把调入的物品标示出来，若掺了增加茶叶甘度与香气的物质而不标示，只说该茶又甘又香，那就违反了食品标示法。到目前为止，各类茶的香气尚无法以人工合成的方式制造，所以若是某种茶像极了某种花或某种食品的香，那就要怀疑是否掺了人工香料。茶的甘味也不会一喝就很突显，而是所谓的“回甘”，若是喝了马上能感受到甘味，而且很强烈，也应该怀疑是否掺了人工甘料。

这里所说的调味是指制茶过程中的调味，是制茶过程中的“加工”部分，而不是泡茶时掺入其他调味料或食物的调饮。调饮时的调味比制茶过程中的调味更可多彩多姿，因为不必考虑干燥、存放的问题。

4.紧压

紧压最初是为了便于运输与存放，后来发现它因此也改变了风味。现在从品饮的角度来谈它。

任何种类的茶都可以在加工这一环节将它制成紧压茶，即成块状的样子，不发酵茶、部分发酵茶、全发酵茶、后发酵茶皆可。

各类茶初制完成后都可以藉着存放让茶继续进行后氧化作用，也就是俗称的变成老茶。这时是否紧压成块状或依旧成散状就起到了不同的效应，例如将碎型红茶高压成铁饼状，放个百年依旧变化不大，掉进水里再

发花中的伏砖(茶间黄色者为菌丝)

以部分发酵茶压制成的茶饼

以掺花白茶压制成的茶饼

以碎型红茶压制成的茶砖

捞起来也无大碍；但是松松一压的块状茶就不一样，几年就容易有变化，尤其是存放在高温高湿的地方。

5.存放

存放就是把成品茶放个一年、五年或更久，使茶性变得更加醇和。陈放一年者是属于短期存放，目的只在降低茶的青味与寒性，多利用于绿茶或不焙火的乌龙茶与红茶，这类型的存放要特别留意干燥。存放三五年以上者是属于中期存放，目的是要改变茶叶的品质特性，使其在原有基础上变得醇和而少刺激，多利用于各种茶类。十年以上者是属于长期的存放，目的在于改变茶叶的风格，使之产生老茶的另一种特性，多利用于轻焙火、中焙火的茶类与未经渥堆的后发酵茶。

存放要在阴暗无杂味的地方，包装要不透光，不要抽真空、不要冷藏。非后发酵茶类在湿度高的时候不要开封，平时也不要常开盖，受潮后要“复火”或“常温干燥”。未经渥堆或轻渥堆的后发酵茶，其存放的目的在于后发酵，存放时特别要求与其他茶类不同的温湿度控制，所以存放的地点应与绿茶、乌龙茶、红茶有所不同，这时的存放在生产单位称作“入仓”。

准备存放成老茶的茶叶品质宁可高一些，因为存放的时间是高价的；叶茶类乌龙茶的存放，开始时的焙火程度不要高，否则以后变化的空间不大。

十五、茶之商品包装

茶之商品包装应该在茶之制造工序全部完成后为之，包括精制，以及必须的加工。但初制茶完成后，贩卖给精制厂的大包装不包括在内。

茶之商品包装应尽量减少“开封”“包装”的次数，

最好制作完成后一次包装，直到消费者打开享用。传统的散装茶做法是工厂制作完毕后以大布袋或大纸箱送至门市，门市将之倒入大茶桶，取一部分到小茶桶摆在架子上卖，客人买时从小茶桶内取一些出来，以小纸袋或塑料袋装给客人，客人回家后将之倒在罐子内，冲泡时再从罐子内把茶取出。茶叶经过这么多次的拨弄，吸湿、吸味、破碎在所难免。除了品质难于保存外，散装茶还有一项缺点，就是生产单位无法为茶的品质负责，生产单位出厂时一百元一两的茶，销售单位若将之标示为一百二十元，它就变成了一百二十元的茶;管理不良的业务员若将它卖成一百五十元，出货单位也只有背“品质不良”的黑锅。所以只有把茶包装成使用时需要的大小与形式，而且做好商品标示，才是利于茶叶品质与行销的做法。

1.第一类的茶商品包装是“小袋茶”。将3克左右的茶包装成可以直接冲泡并具滤渣功能的小茶包，浸泡到所需浓度后把小茶包提出丢弃。这种包装源起于碎型红茶，因为碎型茶才可以上机器自动装填自动包装。由于这类包装确实方便了喝茶，所以不久即扩展到花茶与乌龙茶类，但必须利用细碎的茶叶或特意将之剪切成角状，这种做法不利于不发酵茶与部分发酵茶的品质，所以普及度不大。这几年有了大的转机，只要茶叶揉成较紧结的球状，而且枝叶都加以分离，可以用机器自动装填与包装，产生了所谓“金字塔形小袋茶”或“原片小袋茶”的新型小袋茶。这种包装方式大大方便了部分发酵茶与不发酵茶的饮用。

2.第二类的茶商品包装是“一泡装”。针对小壶茶法或盖碗茶法，以一壶量或一盖碗量的茶包成一包，使用

将原形茶直接包装的“金字塔形小袋茶”

将原形茶直接包装的“原片小袋茶”

时每次倒入一包，包装量依厂商设定的壶、碗大小，或8克，或10克，或12克，销售时依单包或组合成10包、50包大小不等的单位。如果是球型的茶，往往每小袋都会真空包装；如果是条型的茶，一般就不再抽成真空，或是抽成真空后再充入氮等惰性气体，以免将茶压碎。这种包装方式很耗材料，而且不利于茶叶存放期间的自然陈化。

3.第三类的茶商品包装是“小包装”。将茶以100克、300克、600克等不同的份量装于罐内或袋内。这类包装有人加以抽真空，或抽真空后再充入氮气，甚至于绿抹茶还要求在-18℃以下保存。抽真空或冷冻保存是针对以欣赏茶的新鲜味为主的情况，如果是宁可欣赏存放后变得醇厚的风味，而且存放后品质不致劣变的茶（要制作得品质很稳定），不必抽真空或充氮包装，开封后也不必放冰箱冷藏，只要防潮、防异味、防阳光即可。

4.第四类的茶商品包装是“大包装”。将茶以三斤、五斤或十斤的量以罐装的方式销售。这类包装是针对“陈化”的目的而来，所以茶叶必须处理到可以久放的状况，这时的精制处理是很重要的，尤其是叶茶类的枝叶分离。罐子的耐用度要高，无异味，防光效果好。透气、透湿性依所存的茶类与茶叶已陈化的程度而定，不发酵茶、部分发酵茶、全发酵茶的透湿性要低；变化旺盛期的后发酵茶透湿性要高；已陈化至所需程度的茶，透气、透湿性都要低。

包装上的标示除商品标示法所要求的项目外，最好能将茶叶的状况作一番叙述，包括“茶名解说”“茶性解说”“泡法解说”。茶名解说，就是在厂商专用的商品名称外，附加一般人容易理解的茶类名称，如绿茶、乌龙茶、红茶、普洱茶、熏花茶、调味茶等。茶性解说包括发酵（如不发酵、轻发酵、中发酵、重发酵、全发酵、后发酵）、揉捻（如轻揉捻、中揉捻、重揉捻、紧压）、焙火（如不焙火、轻焙火、中焙火、重焙火）、注（如熏茉莉花、调苹果香、1999春、1970存……）。泡法解说可以印成纸张放在里面，方便因包装批次之不同需要的更改，泡饮法告诉消费者该茶所需的水温，并以含叶茶法与小壶茶法为例，说明在何种茶水比例下单次或多次的浸泡时间。消费者可从此知道该罐茶的品质特性，并调整成自己所需的泡法。

第二章　茶的识别

一、茶的分类

<table>
<tr><th>发酵程度</th><th>茶类名称</th><th colspan="2">茶名举例</th></tr>
<tr><td>不发酵</td><td>绿茶
黄茶</td><td colspan="2">银针绿茶：绿茶银针、君山银针（黄茶）
原形绿茶：六安瓜片、安吉白茶、霍山黄芽
松卷绿茶：碧螺春、径山茶、蟠毫
剑片绿茶：龙井、煎茶、竹叶青
条形绿茶：雨花茶、玉露、眉茶
圆珠绿茶：珠茶、虾目、绣球</td></tr>
<tr><td rowspan="2">部分发酵</td><td>白茶</td><td colspan="2">白茶：白毫银针、白牡丹、寿眉</td></tr>
<tr><td>青茶</td><td colspan="2">条型乌龙：包种茶、大红袍、凤凰单丛
球型乌龙：冻顶、铁观音、佛手
熟火乌龙：熟火铁观音、熟火岩茶
白毫乌龙：白毫乌龙（东方美人）</td></tr>
<tr><td>全发酵</td><td>红茶</td><td colspan="2">条型红茶：祁红、滇红、正山小种、阿萨姆红茶
碎型红茶：红小袋茶、英式红茶</td></tr>
<tr><td rowspan="3">后发酵</td><td>黑茶</td><td>渥堆</td><td>伏砖茶、千两茶、六堡茶、渥堆普洱</td></tr>
<tr><td rowspan="2">存放普洱</td><td>自然存放</td><td rowspan="2">饼茶、砖茶、沱茶、生普洱</td></tr>
<tr><td>入仓</td></tr>
</table>

茶的分类会因不同的角度而有各种不同的分法，现就发酵程度与茶干色泽的不同加以叙述。

上表的分类中，部分发酵茶又统称为“乌龙茶”，不发酵茶又统称为“绿茶”。简单地说：茶分为四大类——绿茶、乌龙茶、红茶与普洱茶（以普洱茶作为后发酵茶的代表性称呼），或说是不发酵茶、部分发酵茶、全发酵茶、后发酵茶。

另外一种分类是就外形不同而分，将茶分成散茶、紧压茶与抹茶。散茶，就是茶叶条索各自独立存在的状态，如目前在市面上流通的包种茶、冻顶、铁观音、红茶之类。紧压茶，是把茶制成后，蒸过加压成各种形式的块状，有圆饼形、碗形、方形、砖形、圆球形等，最常见的是后发酵茶的普洱饼茶、沱茶、砖茶及千两茶等，红茶的红茶砖。至于抹茶，是把制成的茶磨成粉状，古代曾用饼茶磨成茶粉，现代几乎只用绿散茶磨成。抹茶分成食品级与茶道级，前者掺于各类食品中制成如绿茶冰淇淋、绿茶蛋糕等，后者直接在茶碗内和水搅击至茶水交融，液面起泡沫，然后持碗饮用或分倒入杯饮用。一般说来，茶道级总要比食品级磨得细，而且更讲究原料茶的品质。

还有依采制季节而作的分类，春天采制的茶就称为“春茶”，夏天采制的茶就称为“夏茶”，秋天采制的茶就称为“秋茶”，冬天采制的茶就称为“冬茶”。这只是分类上的名词，并不代表品质的区分，因为不同的茶类适制的季节不同。这也不能作为茶的商品名称，你不能向茶行的老板说我要买春茶，他不知道要拿哪一种春天采制的茶给你。

如果就有无“熏花”或“调味”而言，可将茶分成“素茶”与“熏花茶”或“调味茶”。素茶，就是不熏花不调味的茶。如果熏了茉莉花就称为茉莉花茶，如果掺

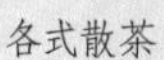

各式散茶

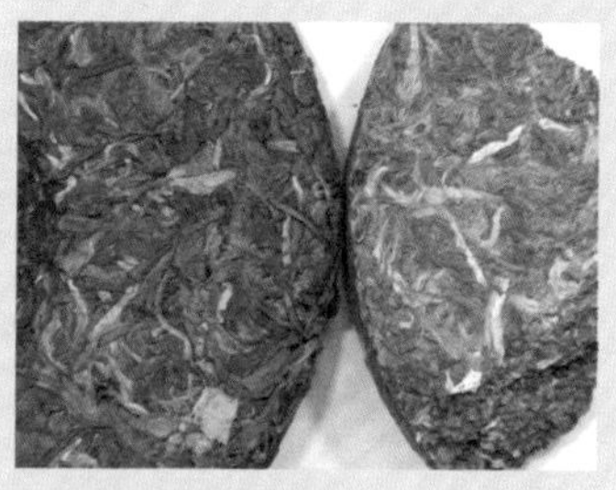

紧压茶

抹茶

圆饼形之紧压茶

碗形之紧压茶

方形之紧压茶

砖形之紧压茶

圆球形之紧压茶

以红茶压制成之红茶砖

以绿茶磨成的“绿茶粉”

茶道级抹茶，搅击后持碗饮用

和了人参粉或人参叶就称为人参茶。

制茶工厂还经常使用“正茶”与“副茶”的分类名词。“正茶”是工厂主要追求的商品。“副茶”是生产正茶时产生的副产品，如分离枝叶时捡出的“茶梗”，制作包装过程中产生的茶叶碎片与粉末。茶叶碎片称“茶角”，粉末称“茶末”。

二、茶名的产生

茶的名称各有因缘：

1.因产地得名：如龙井茶，因原产地在杭州龙井之故。冻顶茶，因原产地在台湾南投县鹿谷乡的冻顶山。

2.因品种得名：以特殊茶树品种制成的茶，往往就以品种名称作为茶商品的名称，如铁观音、水仙、佛手、白鸡冠等。

佛手的叶片特别大，树型长得茂密

白鸡冠是因新芽呈白色，望去有如白鸡冠一般

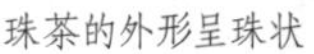

珠茶的外形呈珠状

眉茶的外形如眉形

3.因特性得名：以茶的特质为名，如包种茶，因它的茶性清扬飘逸。岩茶，因茶含有砾质壤土的岩味。

4.因汤色得名：如红茶，因汤色是红色的。黄茶，因汤色是浅黄色的。

5.因典故得名：若该种茶的产生有其历史性的典故，则以该典故作为茶名，如大红袍。

6.因外形得名：如珠茶，因外形呈珠状。如眉茶，外形有如眉形。

7.因特定人命名：如新品种台茶十二号，推出时被赋予“金萱”为俗名，台茶十三号被命名为“翠玉”。

三、茶之欣赏

茶之所以会分成那么多种类，就是因为制造中发酵、揉捻、焙火与茶青老嫩之不同造成的，但是为什么会有那么多种类的茶产生，除了地理环境造成自然的差异外，人们需求不同的口感与风味也是原因。茶叶制造当中所叙述的是就各种不同制法造成“成品茶”色香味与风格上的差异，现在就整体茶性上做一比较，就以绿茶、包种茶、冻顶、铁观音、白毫乌龙、红茶、普洱作代表。

1.**绿茶**：如婴儿、像一片秧苗，生命力很旺盛的样子。

2.**包种茶**：如少年、像一片草原，活泼有朝气。

3.**冻顶**：如青年、像一片森林，能扛重责大任。

4.**铁观音**：如壮年、像崇山峻岭，是阳刚茶的代表。

5.**白毫乌龙**：有娇艳的风采，像一片玫瑰花海，是阴柔茶的代表。

6.**红茶**：如慈祥的妈妈，有如一片秋天变红了的枫树林。

7.**普洱**：如出家的修道者，喝它就像走进了深山古刹与修道院。

绿茶全属不发酵，而且都偏嫩采，所以其间的差异只在于：

a.杀青的方法，是以蒸汽杀青还是锅炒方式（含热风）杀青。

b.在以嫩采为主的茶青中，其成熟度的细微差异。有些只抽芽心，有些增加两片刚要舒展的叶子，有些采到一心一叶，有些采到一心二叶，有些采到一心三叶或更多。

一心夹二片未展叶

“蒸青绿茶”与长在石头上的一片翠绿苔藓

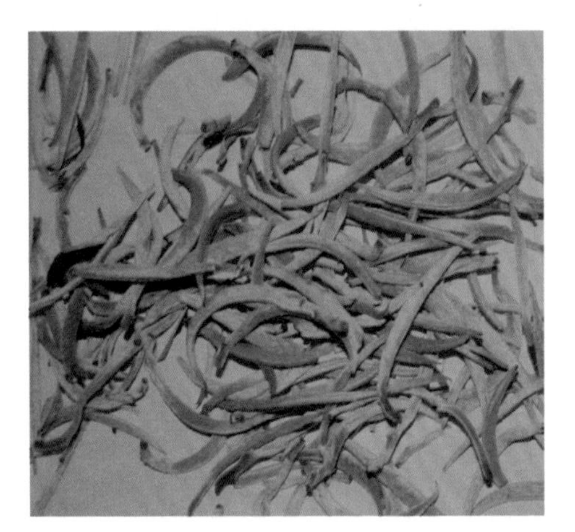

“银针绿茶”与带白灰色的掌状绿叶蔬菜

c.揉捻的方式与力道的大小。这是形成绿茶不同种类的主要因素。

接下来用七组图来描述绿茶。“蒸青绿茶”是茶类中最接近自然植物本质的茶叶，颜色最绿，喝来一股青草香。不论是磨成粉末状的绿抹茶还是保持原形的煎茶，我们以长在石头上的一片翠绿苔藓来表示它。

“银针绿茶”是抽芽心制作而成，芽上满被茸毛，杀青后没怎么揉捻就烘干制成。看来白蒙蒙的，喝来有股清雅的毫香（茸毛味道），而且比带有叶片的绿茶显得低沉。我们以带白灰色的掌状绿叶蔬菜表示它。

"原型绿茶"与鲜绿色的蔬菜叶子

"松卷绿茶"与典型绿色的蔬菜叶子

"原型绿茶"是除了蒸青绿茶外最接近绿色植物的茶，若与银针绿茶比较，虽然它有些揉捻，但银针绿茶是芽心制成，鲜绿叶的味道表现得还不是最完整，原型绿茶使用的原料已经是变成绿色的嫩叶。所以我们以鲜绿色的蔬菜叶子来代表它。

"松卷绿茶"已经有了卷曲的外形，具备了绿茶较为完整的个性。不像原型绿茶那么幼嫩，所以用典型绿色的蔬菜叶子来表现它。

"剑片绿茶"是施以较重的压力揉捻而成，揉捻时让茶叶在热锅上面滑动（非滚动），因此形成了剑片状，

“剑片绿茶”与亭立、坚实的蔬菜叶子

“条形绿茶”与大叶片的山芋

如此形成的绿茶香气较高频，味道较清扬，虽然仍是绿色的蔬菜叶子，但亭立、坚实了许多，不像前面四种绿茶那么的娇滴。

“条形绿茶”的成熟度一般要高一些，揉捻时与上一种茶一样都是采取来回一字型的压揉，但这回的茶叶是在热锅上滚动，所以形成圆条状，当然其圆的程度还依市场的需要有所差异。这类茶喝来强劲度要高一些，所以我们以大叶片的山芋代表它。

传统的“圆珠绿茶”是在锅内滚动很久形成的，虽然外观看来是形成珠状，但我们不说它是重揉捻，因为它的细胞被揉破的程度不如球型乌龙或红茶。但在追求

“圆珠绿茶”与矮树丛的硬边绿叶

仅十数年陈放的普洱与绿意尚存的爬藤

自然植物风味的绿茶而言，已属较重揉捻的茶，所以风味较为低沉，强劲度也较高，我们以矮树丛的硬边绿叶为代表。现代有将“银针绿茶”揉捻成圆球状者，若选用芽心肥壮者为原料，制成的珠粒相当硕大，味道会介于银针绿茶与白茶之间，这种茶为了外形的美观，揉捻成形的时间拖得太久，超程度的走水形成了白茶的某些风格。

普洱茶是以不发酵茶为基础，经“后发酵”形成的一种茶类。这“后发酵”可经由渥堆、自然存放与入仓达成。经“后发酵”后，虽仍保有不发酵的自然原始强劲本质，但另加进了后天修炼的痕迹。现以入仓茶为例，仅是

旧陈放普洱，1985年制生普洱

旧陈放普洱，2009年制生普洱

绿意已逐渐被枝干的木质掩盖的爬藤

渥堆普洱叶底

绿意已大部分隐藏到枝干木质后方的爬藤

轻度的陈化，是所谓的“新普洱”，如绿意尚存的爬藤；如果是中度的陈化，绿意犹存，但枝干的木质性已逐渐掩盖了叶子的绿意，是所谓的“陈年普洱”；而渥堆普洱，绿意已大部分隐藏到枝干木质的后方，绿茶的余韵只有从密结若网的枝条细缝中探询。

“白毫银针”与芒草花灰白的印象

“白牡丹”与秋天枫叶开始转黄的样子

接下来是“部分发酵茶”，包含了芽茶类与叶茶类，芽茶类又包括了重萎凋轻发酵的“白茶”与重萎凋重发酵的“白毫乌龙”。白茶由于是重视带白毫的芽尖，而且是重萎凋，所以是灰白的印象，而且香气显得低沉。其中的“白毫银针”产生了如芒草花般的意象。

“白毫乌龙”与玫瑰花

另一种称为“白牡丹”的白茶，除芽尖外尚带有一二叶片，看来有点像初秋枫叶开始转黄的样子。至于“白毫乌龙”，由于是重发酵，所以成茶外观与茶汤都变成了艳丽的橘红色，而且带有强烈的熟果香，我们以玫瑰花来代表它。

条型乌龙与春天的绿叶

其余的“部分发酵茶”都属采较成熟叶为原料的叶茶类，只是依揉捻的方式分成条型乌龙与球型乌龙，另有一类是在成茶后施以或多或少焙火的熟火乌龙。条型乌龙的揉捻程度较低，显现的是成熟后青年人的朝气，我们以春天的绿叶来表达。球型乌龙经过较重的揉捻，茶青的成熟度也会高一些，显现的是历经风霜后的人生态度，我们以整棵的肖楠树来表达。至于熟火乌龙，则是以上述两类叶茶型乌龙茶加以焙火而成，焙得愈重，茶性显得愈温暖，我们拿已经变成褐色的树干来形容这类茶。

与白毫乌龙相邻的是红茶，都是芽茶类，但红茶是全发酵，而且重揉捻，所以显现的性格是较为成熟且温柔，如果以玫瑰花代表白毫乌龙，那就要用变红了的枫树来代表红茶了。

我们还常喝到熏了花的花茶，如拿绿茶与茉莉花拼在一起，茶就会吸收花的香而变成“茉莉（熏花）绿茶”，我们用一张被阳光照个半透的月桃花表现它的高香与绿意。如果以带花香的红玫瑰与白毫乌龙或红茶拼在一起，

球型乌龙与整棵的肖楠树

熟火乌龙与褐色的树干

红茶与变红了的枫树

茉莉绿茶与被阳光照个半透的月桃花

玫瑰红茶与艳丽的朱蕉

而且不将花干取出，冲泡后饮用，则是一般香艳景象。

上述这些茶性的形容与对照只是为了加深对茶叶的认识，引导人们进入欣赏的领域。但仅能就大体而言，若制茶者并不是将某种茶做得那么典型，所显现的茶性当然就有所不同，而且各种茶性的说法都是比较性的，还得冲泡成标准茶汤才能做比较，不能将偏淡的甲茶与偏浓的乙茶做比较。泡茶的水温也要是最适合该种茶者。

茶就是茶，所要表达的都在茶干与茶汤上，所有的形容都是多余的，而且可能有误，但为协助初学者，不得不"搭个桥"引导大家进入品茗的领域，往后对茶的认知、体悟，都不用再受"桥"的限制。

四、茶之品质鉴定

鉴定或说是欣赏一壶茶，应具备下列三种心理准备：

1.以很超然的心情来接纳各种茶，把各类茶都视为是独立的个体，尊重它的风格，无好恶之心。如果有人问您：您最喜欢喝什么茶？您应该一下子答不上来才是。

2.充分了解各类茶应有的品质特性，以及能制作到多高的境界。这必须多品赏各类茶，尽量让自己知道天多高、地多厚。

3.就该壶茶的现况加以鉴定与欣赏。这里所说的现况包括采制的季节、生长的环境、制作的技术等等，而不是只看结果的高低。如果是低海拔，又是夏季采制的

茶叶审评室

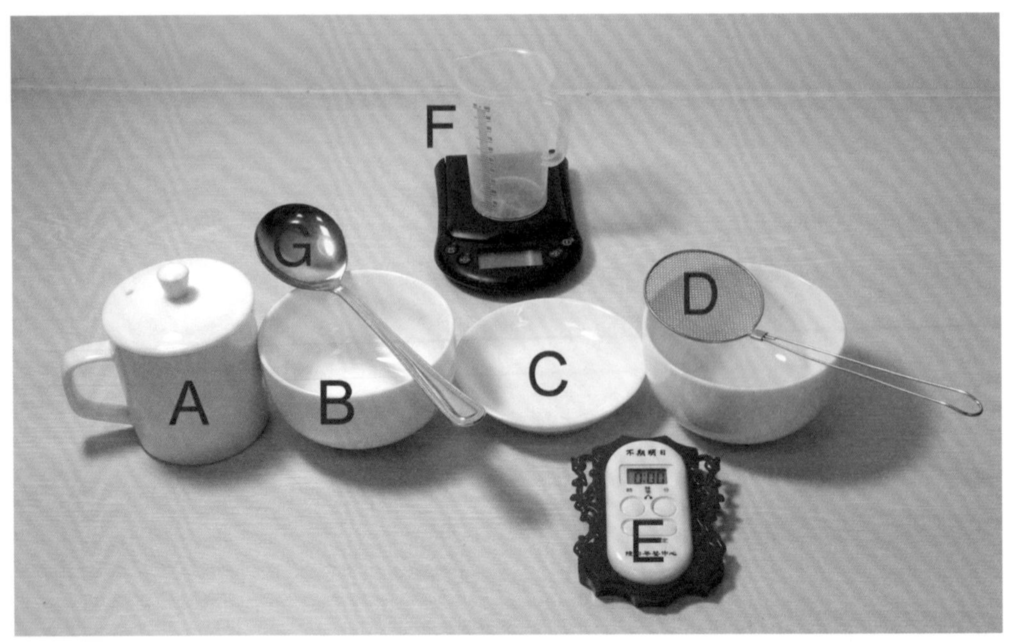

“鉴定杯组”包括冲泡盅(A)、茶碗(B)、审茶盘(C)、漏勺(D)、秤(E)、计时器(F)、汤匙(G)

茶之第二种评鉴方式：盖碗评鉴法

绿茶，不要拿去与高海拔的春茶做比较，这样的鉴定意义不大。不管什么场合喝到的茶，都以行家的姿态指出不足之处，这样的欣赏态度显得狭隘！

有了以上的心理准备，再看国际上鉴定茶叶品质的做法：

鉴定茶叶品质设有国际标准的“鉴定杯组”，由冲泡盅、茶碗与审茶盘等组合而成，全由纯白瓷制作。冲泡盅大小约150cc，使用时放入3克茶叶，冲入烧沸的热水，加盖，浸泡3~7分钟（碎型红茶3分钟，“芽茶类”、轻揉“叶茶类”5分钟，中、重揉“叶茶类”6分钟，重萎凋不揉捻的“白毫银针”7分钟），将茶汤倒入茶碗内。然后依下列项目逐一品评：

1.**观汤色**：从茶碗观看茶汤的颜色。

2.**闻热香**：打开冲泡盅的盖子，闻倒出茶汤后茶叶的香气，随即盖上盖子。

3.**评滋味**：舀一小匙茶汤（约10cc）于小杯内（若只有一人评审，直接以汤匙饮用亦可），吸进口里，并在口腔内重复吸二三次，利用口腔各部位品评各种滋味与溶于汤内的香气，随后将茶汤吐出。

4.**闻中香**：再度闻一次冲泡盅内茶叶的香气，了解温度下降后香气的变化。

5.**看叶底**：将冲泡盅内已泡开的茶叶倒入审茶盘上，用手触摸或将茶叶摊开来看，深入了解各种茶况。

6.**看外观**：将未泡的同包茶样拿出，观看冲泡前“茶干”的种种情形。为什么最后才看外观？因为怕外貌的好坏影响了内质的评审。

经过以上六项的看、闻、喝、摸，就可以了解这泡茶样的品质状况，做下记录，给个评分，若是行销单位还可以订个价格。

个人也可以利用评茶的要领来认识、欣赏各种茶，没有标准的鉴定杯亦无妨，只要找到几把大约150cc的小壶（小壶大多是这个容积），利用大杯子作茶碗，就可以自行依照上述方法操作，详加练习自己评茶的能力。若连小壶都找不到那么多把，拿一些吃饭的饭碗或汤碗也可以，饭碗、汤碗大部分的大小也是150cc，以三个作为一组，一个拿来泡茶，一个当盖子，另一个放在旁边备用。浸泡到所需时间，打开盖子，用汤匙（或漏勺）将茶叶舀到当盖子的碗上，再以备用的碗当盖子盖上盛叶底的碗。如此一来，放叶底的碗可以闻香、放茶汤的碗可以观汤色、评滋味，依旧可以从事比较、研究、品赏的工作。

五、喝茶的态度

几位茶友一起喝茶，最常听到的对话是："这茶做得不错。""这茶苦味太重。""这茶带涩。""这茶有了焦味。"换一群朋友，听到的可能是："这是哪家的茶？怎么卖得那么贵！"这样的茶，你看可以卖多少钱？""这批茶我是五百元一斤买到的，听说有的茶行卖到七百。"

您认为这样谈话的喝茶朋友是爱茶的人吗？您可能回答"是"，因为他们对茶有深入的研究，不论是品质方面或是市场方面。您也可能回答"不是"，因为他们根本没有把茶当作朋友，只是在批判，只是在评价。

我们认为所谓"爱"，应该将对象视为独立的个体，尊重它的个性，进而客观地欣赏它、接纳它。如果喝起茶来，就像医师看到病人，一味地想找出它的毛病，或是像法官在法庭上看人，一直思考着如何论断他的功过，这是谈不上"爱"的。假若您是在评茶室工作，每喝一口茶就记下品质上的优劣；或是在茶叶公司上班，为了进货不得不评定每批茶样的价格，这是工作，如此态度也就罢了。若是平常喝茶也是这般心情，是享受不到多少品茗乐趣的。所谓“品茗”，所谓“赏茶”，或“享茶”，必须转换成另外一个态度，也就是要把茶当作一个“人”，或是当作一件“作品”。这样的态度在人的相处上也是一样的，都不能以法官、医师的心情相待。

“我们要欣赏好的茶，有什么缺点难道不可以批评吗？”在喝茶的态度上，不要心存这个念头，因为有了这个念头，品茗乐趣将缩得很狭小。喝茶的人就该杯茶欣赏它，享用它，在纯属茶的风格上，尽量屏除自己的好恶。对品质不良的茶、不卫生的茶是可以拒绝的，因为这样的茶不但危害身体，还失掉品茗的乐趣，也谈不上茶道艺术的追求。

茶有各种不同的风味与特性：如不发酵的绿茶像一片秧苗，极富生命力；轻发酵的包种茶像一片草原，年轻有朝气；中发酵的冻顶、铁观音像一片森林，老成持重；重发酵的白毫乌龙（有人称东方美人者）像一朵玫瑰花，很是娇艳；全发酵的红茶像一片红色的枫树林，虽如白毫乌龙同属娇艳的风格，但红茶更像个妈妈。……从这样的角度来欣赏一壶茶，以这样尊重每种茶独特风格的态度来冲泡，来表现它，您将更有资格做茶的朋友，更有福气可以享受喝茶的乐趣。遇到苦味稍重的茶，告诉自己，这道茶就如同您某位朋友，个性强了些；喝到略有焦味的茶，告诉自己，就如同您某位同学，为人、学问都好，就是有一条腿有点不良于行。

品茶与评茶不同，评茶是要了解茶的品质优劣与特性，是要在既有的条件下制造出最好的茶，在同样价格下选购最好的茶，在同批茶下泡出最好的茶；品茗则是与茶为友，尊重它，以超然的心情欣赏它、接纳它。这两者不相违背，具备了评茶的能力，让您在品茶上更清楚，更客观，享受更多；具备了品茶应有的修养，让您在评茶上更公平、更深入、更无好恶之心。

六、何谓比赛茶

茶叶比赛分为“茶商品比赛”与“制茶比赛”。茶商品比赛是主办单位规定辖区内的居民缴交一定重量的茶叶参加比赛，挑出质优的前数名。参赛的茶叶不一定要是自己的作品，甚至于跨辖区的茶叶也不在禁止之列。制茶比赛是参赛者集中在某一制茶场，将采收的茶青平均发给大家，大家在同一环境、同一气候、同样设备之下把茶制作出来，结束后当场评鉴优劣等第。比赛进行中为避免某些人把茶青挑得很精，有所谓茶青“制成率”的控制，也就是制成的茶量不能低于标准太多，太多者会被扣分。

有些人批评茶叶比赛将茶价哄抬得很高，尤其是茶商品比赛。但茶叶比赛确实对茶业的振兴起了很大的作用，因为有了比赛，大家会更关心茶事。由于比赛得奖的茶叶可以卖到很好的价格，造成“喝茶高贵”的印象，这也有助于茶业、茶文化的发展。当然其负作用应该设法避免，但比赛的本身应是好的，如同运动竞赛，有时也会有赌博、打架的情形，但对促进运动的风气功不可没。

茶叶比赛得胜的作品会带动茶叶制作与消费习惯的走向，所以主办比赛的单位以及参与评审的人员必须认清自己的影响力，要以自身的学养引导大家走向茶业健康的方向。

七、普洱茶的新趋势

普洱茶在21世纪初开始异军突起，原本只有香港、澳门、马来西亚、新加坡、台湾等地饮用，不到十年工夫风行到了中国大陆，还远及日本、韩国、印度、欧美地区。这不能只认为是商业炒作的结果，因为以普洱茶为代称的后发酵茶类有其特殊的市场潜力。

1.后发酵茶的制作工艺有如其他三大茶类（不发酵茶、部分发酵茶、全发酵茶）的丰富与多彩，它的后发酵程度还可以有10%、20%……90%、100%的变化，而且有渥堆与入仓两大系统的技术，造就出来的是多姿多彩的市场品项。

2.它可以制成碎状的成品而不影响其品质，也就是说它可以使用小袋茶的饮用方式，这是除了红茶之外，其他绿茶、乌龙茶无法做到的普及化优势。虽然球型乌龙茶可以使用自动化机器装填成立体袋茶或原片袋茶，但出汤的速度（浸泡到可以喝的时间）不及碎型茶的快，多少制约了它的发展。

3.后发酵茶，尤其是渥堆制成者，它的调味容许度与红茶一样高，无论在制作时的加工或消费时的泡饮都可以造就多种口味的“调味普洱”。这个调味容许度也强过绿茶与乌龙茶，也是普洱茶市场扩展的一大优势。

4.它的保健功效不输给其他茶类，尤其在体重的控制上，有学者认为它比其他茶类更佳。近年来茶红素保健功效（如对血糖的控制）的研究报告也对普洱茶的行销很有帮助，深度后发酵的普洱茶含有较多的茶红素。

5.后发酵茶的耐放程度及储存条件的温湿度宽容度较其他茶类为佳，尤其是存放的时间，只要不是储存不当，如太过潮湿或受到异味、尘土、光线等的污染，久放对它不只无害而且还有增值的效用。

以上这些特点将促使后发酵茶有更高的市场占有率，如果再加上饮用法与文化上的推广，它的高度发展是可期待的。

自然存放、入仓、渥堆应同时被重视，自然存放的陈化程度以年份表示，入仓的陈化程度以新普洱、陈年普洱、老普洱口感区分，渥堆的程度以轻渥堆、中渥堆、重渥堆标示。

八、普洱茶分类

综上所述，可将普洱茶做下列整理：

1.经过渥堆：即渥堆普洱。

2.没经过渥堆，亦未经存放：即生普洱（指已精制，但未经存放者；若仅初制，未精制，是半成品茶）。

3.经过存放：即存放普洱。

（1）自然存放：未控制温湿度。

（2）入仓存放：控制温湿度。

第三章　茶的产业

一、茶树品种

茶树有上千个品种，常看到的也有四五十种，理论上是各个品种都可制成各类茶，只要制造的方法不同即可。但什么品种比较适宜制造成哪一类茶是有经验可循

武夷山品种园

铁观音茶树品种

大红袍品种之一

佛手茶树品种

的，称为品种的适制性。甚至有些品种的特质非常明显，我们就特别为它制作成一种茶，而且就以茶树品种的名称作为成品茶的商品名称，如铁观音、水仙、佛手等。

茶树品种有些是传统性品种，有些是后来改良的品种，如常听到的青心乌龙、青心大有、硬枝红心、铁观音、水仙、佛手等，都是传统的品种，阿萨姆则是移植自印度的品种。另外，为了增产、耐害、早采、质优等理由，也会培育新品种，如金萱（或说台茶12号）、翠玉（或说台茶13号）、浙农12号、福云10号等。金萱与翠玉可以制成冻顶，也可以制成清茶，所以不能向茶行老板说：我要买金萱，除非他知道您喝那类茶，否则老板还要问您：您要的是金萱制的冻顶还是清茶？

有些茶树品种的叶子特别大，大到像小婴儿的手掌，我们就称它为大叶种，如阿萨姆。相对地，有些茶树

阿萨姆茶树品种

品种的叶子比较小，就称为小叶种。有些茶树品种可以长得很高，属乔木型，有些品种不会长得太高，属灌木型。但一般我们看到的茶园，茶树都只长到腰际的高度，那是我们故意将它们修剪成这样，因为这样的高度比较方便采收，如果不加以修剪，一般灌木型的茶树可以长到半层楼的高度。茶树发源于中国的西南一带，这一带至今尚有千年的老茶树，乔木型的原始茶林也分布甚广，但至今量产的茶园都以修剪的方式改成矮树丛型。

乔木型野生茶树

灌木型茶树

二、茶树栽培

集约式的茶园耕种是先行育苗再行定植，育苗方法已从过去的播种法（有性繁殖）与压条法（无性繁殖）改为扦插育苗法（无性繁殖），不但维护了品种的纯正，而且繁殖速度快。茶树成行种植，以利人工或机械耕种与采收。

扦插育苗场

武夷山的筑坑种植

茶苗种植三年以后方可采摘茶青，太早采收将影响以后的收成。茶树枝芽被采摘后，会从侧腋再行长出新芽，这就是下次采摘的对象。为使采摘面整齐，而且控制茶树高度，每季采摘后会修剪采摘面。如此一次又一次的采摘与修剪，枝芽长得愈来愈密，叶子长得愈来愈小，品质就会下降，这时补救的办法就是从根部离地不远的地方（如大约20cm）给予砍除（即所谓“台刈”），

采摘后，从侧腋再长出新芽，乃下次采摘的对象

修剪型茶园

茶园的台刈

使茶树从基部重新长出新枝，这样就有如新种的茶树一般，又可采收好长一段时间。茶树种植后到十年左右可达盛产期，待产量衰退后可用台刈让其恢复，几次后茶树若已老化，就得挖掉重新种植。

茶树是长年深根作物，善加照顾是可以陪伴我们一辈子的。所谓善加照顾，包括尽量不要使用化学肥料、除草剂与农药，也就是推行所谓的自然农法；采摘时考虑能留下几片叶子好为树体制造养分，这样茶树的有效寿命才会增长，茶青品质才会良好。

三、季节与茶

一年能采制几次茶叶？因海拔高低、土壤状况、经济性需要而定，从六次（春二夏二秋一冬一）到一次（仅春）不等。春天最适宜采制不发酵茶与轻、中发酵茶，初夏最适宜采制重发酵茶与全发酵茶，秋冬较适宜采制轻、中发酵茶。

春天的采制季节又分为三个阶段，第一个阶段是“清明”（四月上旬）以前，是采制绿茶最好的时候，每年清明左右常见茶行门口贴着“明前龙井上市”的广告，强调早春的绿茶已经上市。“清明”以后（第二阶段）是包种茶（轻发酵茶）采制的时节，“谷雨”以后（第三阶段，一般为阳历四月下旬，已是晚春），则是冻顶、铁观音、岩茶、水仙等（中发酵茶）采制的时候。因为第二、三阶段的“叶茶类”需要采摘较成熟的茶青，而第三阶段的冻顶、铁观音、岩茶、水仙等又要比第二阶段的包种茶成熟些。现在有些提早发芽的新品种被培育出来，所以清明左右就有冻顶等采开面叶的茶类出现。

但重发酵的白毫乌龙与全发酵的红茶虽属芽茶类，因发酵重的关系，适合于初夏新芽时采制，这时候的茶

同是开面叶，从左算起的第一朵最嫩，第二朵又比第三、第四朵嫩

青含有利于红茶、白毫乌龙的成分较多，白毫乌龙需要的茶小绿叶蝉也到这个时候才有。

一般说来，春天是茶叶采制最重要的季节，但有时候冬天的"部分发酵茶"卖得比春茶还贵，这是因为冬茶产量较少，且这时的水分较少，香气常有极佳的表现。但应该在春天采制的茶，如绿茶等不发酵茶，如清茶、冻顶、铁观音等轻中发酵茶，若于夏季采制，品质就会下降很多，价格也不及春茶的一半；应该在夏天采制的茶，如白毫乌龙、红茶等重发酵、全发酵的茶，若在其他季节采制，品质与价格也会相对降低。

四、地理环境

茶青品质受茶树生长环境影响很大，适合高品质茶青生长的地方容易生产好茶，不适合高品质茶青生成的地方就不容易生产好茶。一般说来，茶树的适生条件是长期对环境适应的结果，适生条件主要是指阳光、温度、水分、空气和土壤等条件的综合。海拔高一些往往可以生产高品质的茶青，所以喝茶界常强调“高山茶”，但通常而言，海拔800~1200米的高度是最适宜制成高品质茶叶的环境，海拔高度太高，由于气温太低，反而不利于茶青的发酵与制作。

开发茶园，应注意环境保护与水土保持等问题，不要只为“喝好茶”而破坏了我们赖以生存的土地。茶树属深根作物，只要做好水土保持，并依土地使用的限制，是山区很好的经济作物。

高海拔的茶叶一般说来叶片厚度较低海拔的同样品种要厚，浸泡时的可溶物质较丰，滋味也甘醇。至于香气的高低还要加入制茶技术与气候等因素。

五、采青的气候与时辰

天气会影响制茶的结果，连续的阴雨，茶青含水量大，不容易制成好茶，尤其是下雨时采收的所谓“雨水青”更为严重。湿度太高，水分蒸发太慢，萎凋时容易造成“积水”，即叶缘已开始发酵，中间部位还没达到萎凋标准；湿度太低，水分蒸发太快，萎凋时容易造成“失水”，即还来不及发酵就已干枯了。

茶青采收的时辰也很重要，太早采，露水未干，不好，尤其是炒青的茶类；蒸青的绿茶则较无妨。黄昏以后采收的茶青也不好，因为已没有足够的阳光与温度进行萎凋与发酵，但这点在不发酵茶与全发酵茶上影响较小。

六、肥料、化学药剂与茶青品质

本来就肥沃的土地，采收的茶青品质当然最好。采收一段时间后，应该补充养分，这时若只是施用化学肥料，慢慢地茶青的品质就会下降，即使叶子长得肥大，但内质并不佳，应该施予较接近自然生态的有机肥料，而且避免使用杀草剂，这样才能保持地力，保持茶青的品质，也才能够延长茶树的采青年限。

使用抗病虫害的化学药剂也会降低茶青的品质，使用频率愈高，品质下降的现象愈明显。利用环境的改善、生态的平衡、加强茶树的抵抗能力是最佳的途径。

七、树龄与茶青品质

树龄与茶青品质并没有绝对的关系，只要树势强壮，茶青的品质就佳。一般所说的“年轻茶树品质较佳”是基于两个观点而言：一是年轻的茶树，其土地的地力一般说来较佳，新开垦的土地不说，即使更新后的茶园也会深耕翻土，并施予基肥，茶青品质当然不错。二是指修剪成矮树丛型的茶园，一次又一次地采收与修剪，枝芽长得愈来愈密愈细，品质相对地降低，若是不加修剪的茶树，或是修剪次数不是很多的情况，加上土壤照顾得宜，是不会“只有年轻茶树才好”的。

在照顾得当的情况之下，茶树长得成熟些（如八年十年后），其茶青制成的茶更能显现其品种与生长环境的特性。自然成长下的茶树是可以活上数百年的，千年以上的茶树仍然可见。

八、影响成茶品质的十大因素

综上所述，影响成茶品质的因素至少有下列十大项。这也是茶价为什么高低相去那么远的原因。十大因素中每项都好的情形是不容易的，所以茶价一定高，如

经年修剪的茶园，枝芽长得愈密愈细

果十项中每项都不怎么样，品质与茶价当然一落千丈。

1.**地理环境**：适合生产高品质茶青的气候、土壤是很重要的，自古所谓“名山出名茶”指的就是培育高品质茶树的地理环境。

2.**茶树品种**：茶树品种有好有差，好的品种比较容易制造出好茶，差的品种只有在产量或易于耕种上取胜。另外，某品种适不适合制作某种类的茶也很重要，例如阿萨姆种用来制作红茶很好，拿来制成乌龙茶就不太好。

3.**树龄**：在修剪成矮树丛的茶园，年代久后枝芽太密太细，品质不佳。但若照顾得当，修剪的程度又不是太频繁，高一点的树龄反而容易显现品种与环境的风味，所以应视茶树生长状况而定。

4.**施肥情形**：使用接近自然生态的有机肥要比单纯使用化学肥料要好，不使用除草剂与病虫害药剂者更好，也就是近年来大家努力推广的自然农法（或称永续农法、有机农法）。

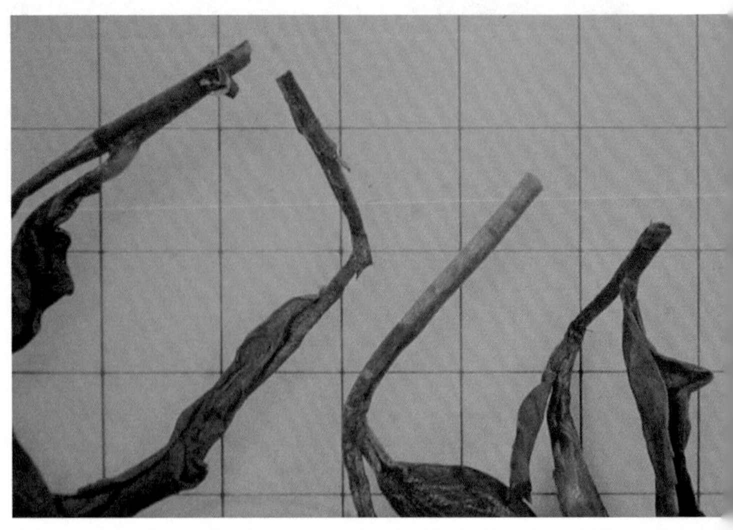

茶青采摘口的比较：右2的梗相最完整，其他不是被掐破，就是连皮都被拉扯了下来

5.采摘情形：芽茶类的茶青应该以带芽心为主，叶茶类的茶青应该以开面叶为主，而且每类的老嫩程度要力求一致。采摘的断口要整齐，若将断口掐伤了，或是将皮都拉扯了下来，这样的断口在萎凋发酵期间会先行氧化而影响应有的发酵程度。鲜叶在采收期间的压伤或破损亦是如此。

6.季节：该春天采制的茶就要在春天采制，该夏天采制的茶就要在夏天采制，季节的不当影响品质极大。同样一片茶园，若没有品种适制性的问题，那春天采制轻发酵的茶，又在夏天采制重发酵的茶是可行的。

7.气候：好的气候可以制造好的茶，不好的气候很难制成好的茶。那怎么不等到好天气再行采制？因为天气往往会一连坏上七八天，茶青的成长不会等人，制茶界有句话：早三天采是宝，晚三天采是草。

8.时辰：如果是采制炒青的茶类，太早采的茶青，露水未干是不好的；太晚采，已经没有阳光或足够的气温可以进行萎凋与发酵，也是制不成好茶的。所以即使同一片茶园，只是采青的时辰不对，茶青的身价就开始有所不同。

9.制造：制成好茶，大家常说要天、地、人配合，气候是“天”，地理环境是“地”，制造是“人”。有好的茶青、好的天气，制茶技术不佳也枉然，前两者的条件稍差，若有足够的制茶技术与经验，还可以设法补救。常在制茶比赛时遇到天下雨，但由于高手云集，制作完成后的成绩经常出乎意料地好。

10.储存：这里所说的储存包括初制后的储存与买茶回去后的储存。初制后常态性存放一段时间，再行一至数次的复火，可稳定品质，即所谓的后熟处理。买茶回去后要装在专用的罐子里，放在阴凉干净的地方，罐子要能防潮、无杂味，且不透光。温湿度的掌控是存茶最重要的项目，绿茶、乌龙茶、红茶要存放在低湿低温的空间里，后发酵茶的存放要依茶叶陈化的需要掌控温湿度，使其继续良好的后发酵。

第四章　泡茶原理

一、爱茶人要与茶为友

泡茶要将每种茶依他们不同的个性表现出来，不只是自私地依自己的习惯把它泡来喝。如一个人习惯水开了就泡茶，当遇到一壶需要较低温冲泡的茶，他不但不以为然，还认为这样泡出来的茶汤是不好喝的。这种情况，我们认为他只是爱喝茶，并不是爱茶。要爱茶才有办法与茶为友，才有福气可以欣赏到各种茶，很客观地欣赏各种茶的美。

二、泡茶的多重效用

泡茶除了将茶转化成可以享用的饮料外，还可以借泡茶、喝茶的动作，以及茶器、环境的搭配，表现你所要享用的生活空间，进一步创作出想要的茶汤作品，就如同画家画一幅画、音乐家弹奏一首音乐、舞蹈家用肢体表现出一段视觉美感。同时，泡茶的人也可以借着泡茶、欣赏茶汤作品，达到塑造身心的效果。

三、泡茶要从有法到无法

如何将茶泡好，将茶汤像一件艺术作品一样地呈现，将泡茶的动作进行得顺畅而优美是有方法可以遵循的，初学时老师会将一些经验与学理告诉我们，但学会后要将这些方法消化掉，转化成自己的习惯与风格，也就是所谓的从“有法”到“无法”。

学习泡茶三个月后，如果有人看你泡茶，只觉得你的泡茶规矩特多，那一定是你“消化不良”，否则应该只感受到“优美”与你所要表现的“内涵”，泡茶方法已化为无形才对，即所谓的浑然天成。

四、从小壶茶锻炼泡茶基本功

小壶茶法是茶道基础课程的泡茶法。各种泡茶原理比较容易在小壶茶法中练习与印证，小壶茶法在实用与艺术要求的层面也比较多，地区间、个人间在做法、风格

茶汤作品的创作，小壶茶法

上的变化也比较大。

五、一壶茶放多少茶叶

小壶茶的置茶量依茶叶外形松紧而定：非常蓬松的茶，如清茶、白毫乌龙、粗大型的碧螺春、瓜片等，放

蓬松的茶

蓬松的茶放七八分满

七八分满；较紧结的茶，如揉成球状的乌龙茶、条形肥大且带茸毛的白毫银针、纤细蓬松的绿茶等，放1/4壶；非常密实的茶，如剑片状的龙井、煎茶，针状的工夫红茶、玉露、眉茶，球状的珠茶，碎角状的细碎茶叶、切碎熏花的香片等，放1/5壶。

紧结的茶

紧结的茶放1/4壶

以上的置茶量是以一壶茶冲泡五道而设的，如果想泡至六、七道，茶量必须增加1/3左右，否则后面几道的浸泡时间必须拉得很长，而且茶汤品质一定会下降很多。相反地，如果一壶茶只准备冲泡一两道，那茶量要减少1/3左右，否则浪费茶叶。

密实的茶

密实的茶放1/5壶

因此应该说：小壶茶法的置茶量首先是依拟冲泡的次数而定，而不是依壶的大小、依人数的多寡，因为这些都已决定才产生了壶的大小。这时定的量是指质量，接下来才考虑茶叶松紧的程度，决定放壶的几分之几。

如果我们以小壶泡一道或两道的茶，这时的茶量是放得很少的，要以一壶的几分之几判断茶量反而不易，倒不如以壶的容积来决定茶的用量。假设是150cc的壶（小壶经常是这般大小，也是餐桌上一个汤碗大致的容量），拟泡一道时，放3克的茶，拟泡二道时，放5克的茶（参考评鉴泡茶法的标准）。3克大概是拇指、食指、中指抓一撮的量，细密的茶是一小撮，蓬松的茶是一大撮。也可以用天平先称一称，好心里有个数。

六、浸泡多长时间

浸泡的时间是随"置茶量"而定的，茶叶放得多，浸泡的时间要短；茶叶放得少，浸泡时间就要拉长。可以冲泡的次数也跟着变化，浸泡的时间短，可以多泡几次；浸泡的时间长，可以冲泡的次数一定减少。在习惯性冲泡五道的状况，上述说到的1/5、1/4、1/3、七八分满的置茶量算是"茶多水少"的置茶法，茶叶多放一点少放一点都会明显影响浸泡时间。"茶少水多"的大桶茶法就不那么敏感。

七、决定浸泡时间的考虑因素

依上述1/5、1/4、1/3、七八分满的置茶量，若第一泡浸泡一分钟可以得出适当的浓度（没实施所谓的温润泡），第二道以后要看茶叶舒展状况与品质特性增减之。

以下是几项考虑的因素：

1.一般拟浸泡五道的置茶量，因为第一道只要浸泡一分钟左右的时间，茶叶都在第二道、第三道才完全舒展开来，所以第二道浸泡时间往往需要比第一道缩短，第三道以后才逐渐增加浸泡的时间，但第三道往往仍然不必增加到第一道的长度。第三道是不是要赶上第一道或是超越它呢？得视茶叶质量与舒展的程度。原则上第二道以后，包括第二道、第三道……，逐渐增加浸泡时间，而且每次增加得更多的时间。用线条表示五道茶的浸泡时间如下，这是一般的规律，要注意的只是第二道要缩短多少时间？第三道以后各要加多长时间？但时间曲线是基本不变的。

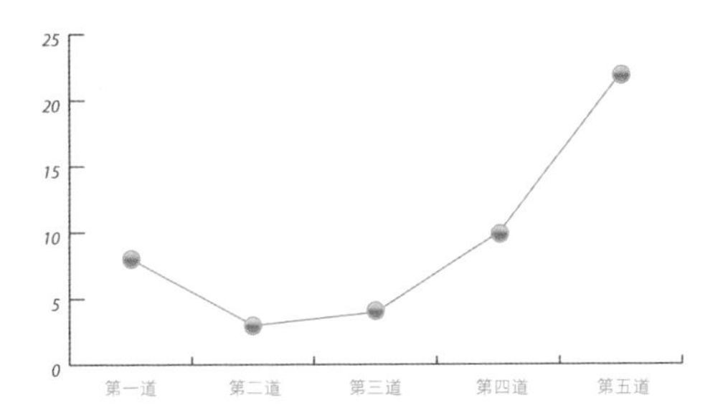

若是拟浸泡一二道的置茶量，因为茶叶放得少，第一道就要浸泡三五分钟，所以茶叶已在这时充分舒展，第二道就要增加浸泡的时间了。

2.揉捻重、发酵多、经渥堆的茶，水可溶物释出的速度较快，第三道以后，浓度的增加已趋缓慢(除非置茶量超过标准)，必须比其他茶类增加更多的时间方可达到标准浓度。形成的时间曲线如下：

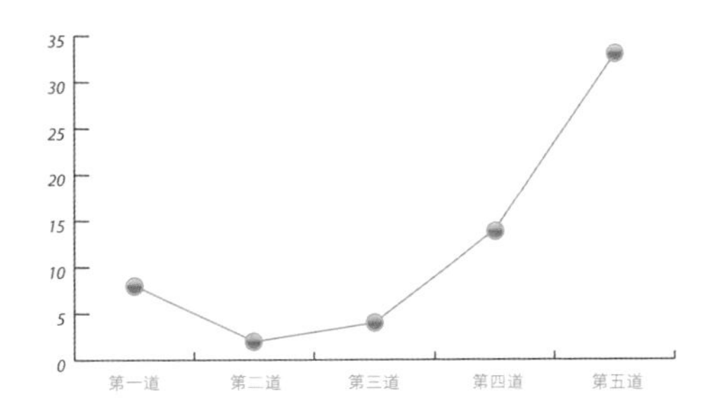

3.重萎凋、轻发酵的白茶类，如白毫银针、白牡丹，可溶物释出缓慢，从第一道开始，浸泡的时间就应该比别的茶更长，但是三四道后增加的差距可以减少，因为水可溶物还保留得不少。形成的时间曲线如下：

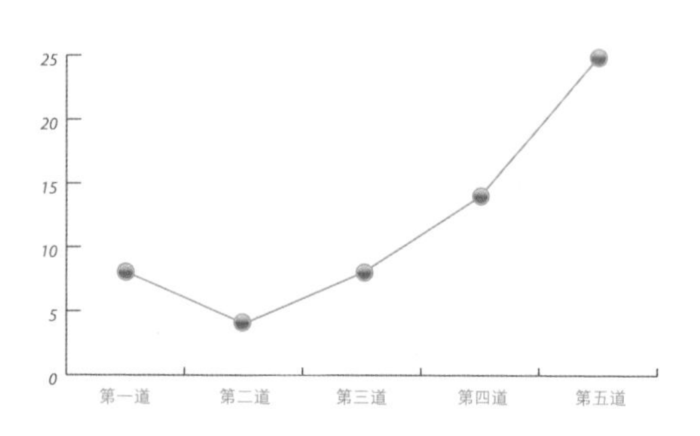

4.细碎茶叶的水可溶物释出得很快，前面数道时间宜短，往后各道的时间应增加得更多。形成的时间曲线是：

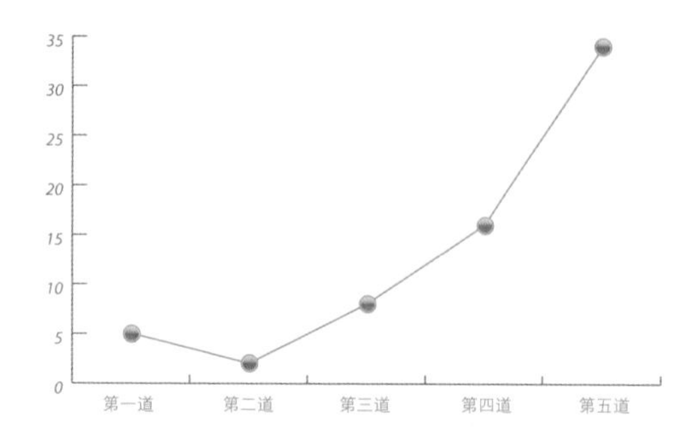

5.重焙火茶可溶物释出的速度较同类型茶之轻焙火者为快，尤其是经过数次焙火或复火的茶，前面数道时间宜短，往后愈多道则需增加愈多的时间。形成的时间曲线如“2.揉捻重、发酵多、经渥堆的茶”。

6.茶青是经过虫咬过后制成的茶，如白毫乌龙，第一道的浸泡时间要比同量的其他茶长，因为虫咬过会令茶叶变得僵硬，水可溶物的溶出变得缓慢。形成的时间曲线如“3.重萎凋、轻发酵的白茶类”。

八、紧压茶如何冲泡

各类紧压茶应视剥碎程度与压紧程度决定浸泡时间：细碎多者参考上条第4款的细碎茶叶；紧压程度低，

紧压茶在剥散后，细碎多的状况

紧实度低的紧压茶

紧实度高的紧压茶

紧压茶在剥散后，细碎少的状况

且剥得散者参考上条第1款的标准形态；紧压程度高，又剥成小块状者，茶叶因浸泡才逐渐松散，所以第一泡时间宜长，往后依舒展状况调整之，这种情况的数道浸泡时间较无规则可循，因为剥碎的程度不一。

九、前后泡的间隔时间与倒干程度

将茶汤倒出后，若相隔时间颇长（如20分钟），下一道浸泡的时间应酌量缩短，若属二、三道，可溶物释出量正旺，缩短的幅度要加大。例如紧揉成球状的高级乌龙茶，若第一道浸泡一分钟得出所需浓度，放置20分钟后才冲泡第二道，这时几乎无须等待，冲完水，盖上壶盖，就可以将茶汤倒出（就是所谓的即冲即倒）。等到了第四、五道，影响就没有那么大了，如第四道，原本应该从第三道的1分钟变成2分钟，但中间停顿了40分钟，这时的第四道浸泡时间只需要1分50秒。

茶汤未完全倒干，留下一些在壶内，不但影响该泡茶的浓度，也会影响下一道茶浸泡时间之判断。若发现该泡茶太浓了而故意留些茶汤不倒，下一道将更不容易掌握，因为所剩的“汤量”与再一次冲泡的“间隔时间”在在左右茶汤的浓度，不如将剩下的茶汤倒到另一个杯子内，调整浓度后先行喝掉或并入下一道的奉茶。

十、茶汤浓度的稳定度

练习泡茶时可于每一道茶中留下一杯，检测自己一壶茶泡了四道、五道后，茶汤浓度是否控制得稳定。浓度的稳定要以口感论定，若仅是就汤色而言，在不焙火或轻焙火的清香型茶叶，后面几道茶汤的颜色微微加红是正常的现象；在中重焙火的熟香型茶叶，后面几道茶汤的颜色会降低黑的成分而加重红的视觉效果（变得不黑，但红了一点）。若后面数道是同样的汤色，滋味反而显得不足。

上面所要求的数道茶汤浓度之稳定度，是指茶汤喝进口腔后打击口腔壁的力度，只求打击的力度差不多，无法求其质量的一致，因为质量是一道不如一道的。

十一、有无最低浸泡时间

第一道浸泡的时间最好能在一分钟以上，因为茶叶各种可溶于水的成分比较有机会释出，这样得出的茶汤比较能代表该壶茶的品质，如果时间太短，如三四十秒，可能只有较快释出的成分溶出，较难反映该壶茶的真面目。第一道以后，浸泡的时间可能会少于一分钟，但茶叶已被泡开，较无此顾虑。

这第一道浸泡的一分钟就是所谓的“最低浸泡时间”，为得出比较能代表该种茶的茶汤品质，就要调整置茶量以达到这个目的，但如果为求多泡几道，或是想利用缩短浸泡时间以达到某种茶汤效果（如降低涩感），那就只好牺牲“代表性”了。

以上叙述的是就冲泡五道的标准置茶量而言，若为多泡几道而增加茶量，那第一道就不可能浸泡到一分钟，而必须缩短。若因只泡一两道而少放茶叶，那第一道就可能要浸泡到三五分钟以上了。

十二、时间与茶量的调节

第一道浸泡的时间若是在一分钟左右，而浓度显得太高或太低怎么办？以“置茶量”来调节。这样得出来的“置茶量”可以冲泡五道左右，而且在冲泡四五道后，茶叶舒展开来时还不至于挤在壶内而伸展不开或是顶到壶外而让盖子盖不上（因置茶量太多的关系）。茶叶挤在壶内太紧，会有闷味，影响茶汤品质。那为什么不干脆放少一点？因为“小壶茶”是希望装一次茶能多泡几道的，放太少，泡一、二道就要换一次茶叶，不方便。但特殊状况，确是只要喝一二道时，就可以少放。

十三、如何计算浸泡的时间

计算茶叶浸泡的时间，可以使用向前读秒的计时器（倒数的计时不实用，因为每次要设定时间）。凭直觉判断容易有误差，尤其是三四道以后的浸泡时间多在一分钟以上。但盯着计时器看，好等时间一到赶快把茶倒出，也显得太不可爱了。泡茶还是要用心，时钟只是辅助的工具，可用自己的呼吸数为参考，平时测测自己一分钟呼吸几次。

使用计时器协助浸泡时间的判断

十四、泡茶需要多高的水温

冲泡不同类型的茶需要不同的水温：

1.低温（70℃~80℃）：用以冲泡龙井、碧螺春、煎茶等带嫩芽的绿茶类与霍山黄芽、君山银针等黄茶类。

2.中温（80℃~90℃）：用以冲泡白毫乌龙等带嫩芽的乌龙茶、瓜片等采开面叶的绿茶，以及虽带嫩芽但重萎凋的白茶（如白毫银针、白牡丹）。

3.高温（90℃~100℃）：用以冲泡采开面叶为主的乌龙茶，如包种、冻顶、铁观音、水仙、武夷岩茶等，以及后发酵的渥堆普洱、深入仓普洱，全发酵的红茶。这三类茶中，偏嫩采者，水温可低一点；偏成熟采者，水温要高一点。上述乌龙茶之焙火高者，水温要高一点；焙火轻者，水温要低一点。欲得100℃的水温，要让水多烧一会儿，高海拔地区还得加上紧压的盖子。

泡茶前若没有温壶，壶身会吸掉5℃左右的水温，所以要依茶壶吸热的大小提高泡茶用水的温度。茶叶也会有超越上述三类属性的情形，如虽是绿茶，但晾青得特别厉害，且压揉得特别紧实，如传统做法的西湖龙井，就可采取高一级的水温；而虽属高温冲泡的茶叶，但苦味重，也可以降一级水温。

十五、水温影响茶汤的特质

泡茶水温与茶汤品质有直接关系，这“关系”包括：

1.从口感上，茶性表现的差异：如绿茶用太高温的水冲泡，茶汤应有的鲜活感觉会降低；白毫乌龙用太高温的水冲泡，茶汤应有的娇艳、阴柔的感觉会消失；铁观音、水仙如用太低温的水冲泡，香气不扬、应有的阳刚风格表现不出来。

2.水可溶物释出率与释出速度的差异：水温高，释出率与速度都会增高，反之则减少。这个因素影响了茶汤浓度的控制，也就是相等的茶水比例，水温高，达到所需浓度的时间短；水温低，所需的时间长。

3.苦涩味强弱的控制：水温高，苦涩味会加强；水温低，苦涩味会减弱。所以苦味太强的茶，可降低水温改善之，涩味太强的茶，除水温外，浸泡的时间也要缩短；为达到所需的浓度，前者（降低水温时）就必须增加茶量，或延长时间，后者（缩短浸泡时间）就必须增加茶量。

十六、水需烧开再行降温吗

泡茶水温的调整是先烧到100℃再降低到所需的温度？还是需要多高的水温就烧到所需温度即可？这要依水质是否需要杀菌，或利用高温降低矿物质与杀菌剂含量而定。如果需要杀菌，先将水烧到100℃，且持续一段时间再降到所需温度；如果不需要杀菌，直接加温到所需温度即可。因为水烧沸太久，水中气体含量会降低，不但口感的活性会减弱，也不利于茶叶香气的挥发，这就是所谓水不可烧老的道理。

十七、哪些动作会影响水温

泡茶水温还受到下列一些因素的影响：

1.温壶与否：置茶入壶前是否将壶用热水烫过会影响泡茶用水的温度，热水倒入未温热过的茶壶，水温将降低5℃左右。所以若不实施“温壶”，水温必须提高些，或浸泡的时间延长些。

2.温润泡与否：所谓温润泡，就是第一次冲水后马上倒掉，然后再冲泡第一道（不一定要实施），这时茶叶吸收了热度与湿度，再次冲泡时，可溶物释出的速度一定加快，所以实施温润泡的第一道茶，浸泡时间要缩短。

3.茶叶冷藏与否：冷藏或冷冻后的茶，若未放置至常温即行冲泡，应视茶叶的温度酌量提高水温或延长浸泡时间。

十八、如何判断水温

如何知道水的温度呢？先买支120℃的温度计，测量个五六次，以后就可以直接用感官判断了。想将茶泡好，水温的判断是很重要的。

观看水汽外冒的状况是判断水温很好的方法，95℃左右是大量的水汽直直往上冲，85℃左右的水汽是稍有曲线地往上冒，75℃左右的水汽是左右摇晃地飘上来。

95℃左右是大量的水汽直直往上冲

85℃左右的水汽是稍有曲线地往上冒

75℃左右的水汽是左右摇晃地飘上来

十九、水质直接影响茶汤

泡茶用水影响茶汤的因素，除温度已于前面叙述过外，尚有四项需要补充：

1.矿物质含量：矿物质含量太多，一般称为硬度高，泡出的茶汤颜色偏暗、香气不显、口感清爽度降低，不适宜泡茶。矿物质含量低者，一般称为软水，容易将茶的本质表现出来，是适宜泡茶的用水。但矿物质完全没有的纯水（不容易取得，市面上所说的纯水只是纯净水的意思），口感不佳，也不是泡茶、品饮的好水。若以“导电度测量仪”测量水中矿物质的总含量，10~100ppm是很好的泡茶用水，100ppm以上就嫌硬了点，但日常饮用还算优质，200ppm以上就不及格了。降低矿物质含量可用

以“导电度测量仪”测量水的矿物质总含量

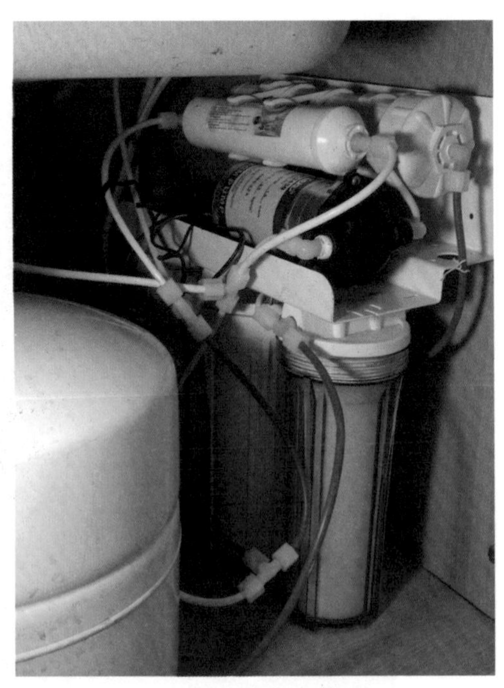

“逆渗透”水处理器

“逆渗透”水处理器等方法。

2.**消毒药剂含量**：若水中含有消毒药剂，如“氯”，饮用前可使用“活性碳”将其滤掉。慢火煮开一段时间，或高温不加盖放置一段时间也可以降低其含量。明显的消毒药剂会直接干扰茶汤的味道与品质。

3.**空气含量**：水中空气含量高者，有利于茶香挥发，而且口感上的活性强。一般说活水益于泡茶，主要是因活水中的空气含量高；又说水不可煮老，也因为煮久了，水中空气含量降低了。

4.**杂质与含菌量**：这两项愈少愈好，一般滤水设备可以将杂质隔离，高密度滤水器可以将细菌滤掉。还可以利用高温、紫外线、臭氧等将细菌消灭。

二十、矿泉水、泉水适合泡茶吗

市面上销售的矿泉水或饮用水适不适合泡茶？要看

“活性碳”水处理器

它们是属于高矿物质含量还是低矿物质含量，前者不适宜泡茶，后者可以。至于泉水呢，也要看矿物质、杂质与含菌量而定，杂质与含菌量是愈低愈好，矿物质总含量也要低才适于泡茶，虽然矿物质亦是身体所需，但泡茶时是要充分表现茶，无需考虑额外的营养。

二十一、茶壶质地与茶汤有关吗

冲泡器如茶壶、盖碗、冲泡杯等，其质地会影响泡出茶汤的“风格”。所谓质地，主要是指冲泡器的材质，而材质包括会不会溶出任何物质于水中（不会溶出才好），以及散热速度。一般言之，材质密度高者、胎身薄者，散热速度快（即保温效果差）；密度低者、胎身厚者，散热速度慢（即保温效果好）。

散热速度快者，泡出茶汤的香味较清扬、频率较高；散热速度慢者，泡出茶汤的香味较低沉、频率较低。这可拿同一种茶，以不同散热速度的两把壶冲泡，比较茶汤、叶底的香气得知。

一般说来，瓷器、银器比炻器、石器散热快；炻器、石器又比陶器、低硬度石器散热快。所以泡茶时，若想将某种茶表现得清扬些，就使用散热速度快一点的冲泡器，若想表现得低沉些，就使用散热速度稍慢一点的冲泡器。

冲泡器的质地还包括吸水率，吸水率太高的冲泡器不宜使用，因为泡完茶，冲泡器的胎身吸满了茶汤，放久了容易有异味，而且不卫生，所以应选用吸水率低的冲泡器。硬度低的器物并不全代表吸水率高，因为“上釉”“刮修表面”等方法可以降低吸水率。

瓷器

银器

炻器

炻器

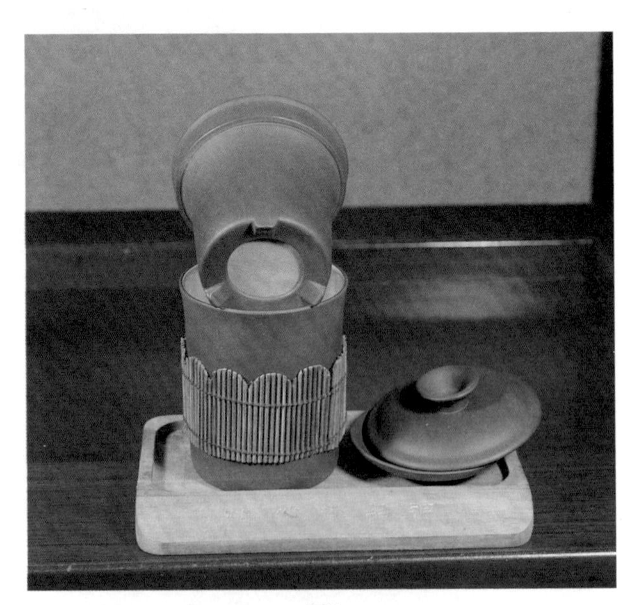

陶器

二十二、何谓茶汤的适当浓度

所谓适当浓度，就是将该种茶的特性表现得最好的浓度。该种茶的特性尚包含其他欣赏的要素，如香气、茶汤内各种成分的适当比率、茶性等，但本节仅就浓度一项叙述之。

泡茶时若可溶物释出太少，我们称为太淡，喝来觉得水水的；若可溶物释出太多，我们称为太浓，喝来味道太重，或苦涩味太过突显，且口腔有脱水的感觉，觉得嘴巴干干的。

适当的浓度是否有一定的标准？应该说有，只是并非每一个人认定的标准都一样。口味重一点的人，可能会要求浓一些，口味淡一点的人，可能会要求淡一点，但一百个人之中，八九十个人认为适当的浓度就是标准的浓度。国际鉴定茶的评鉴泡茶法，也就是以3克的茶量，冲泡150cc的滚开水（即茶为水量之2%），浸泡5分钟得出的茶汤并不一定是该种茶的标准浓度，因为这种泡茶方法只是在得知该种茶在这样的浸泡条件下得出怎样的茶汤。

茶汤有一定的标准浓度，个人对茶汤浓度的喜爱也有某些程度的差异，但我们建议爱茶人尽量往标准浓度修正，因为太浓的茶汤，有如太淡的茶汤，不易体会出细微的味道。

二十三、如何控制茶汤的浓度

如何将茶汤控制在所需的浓度，其法有：

1.茶叶浸泡到所需的浓度后，一次将茶汤倒出。如：

（1）将茶汤全倒于如茶盅内，再持茶盅分倒入杯饮用。

（2）一次将茶汤倒于大杯子内饮用。

（3）一次将茶汤倒于数个杯子内。这时要来回倒以求茶汤浓度的平均。

2.茶叶浸泡到所需的浓度后，将茶渣取出。如：

（1）将茶叶放于可取出的内胆浸泡，至所需浓度后将内胆取出。

（2）浸泡到所需浓度后，用漏勺将茶叶舀出。

3.将茶浸泡到超过一倍的浓度，将茶汤与茶渣分离，饮用时稀释至所需的浓度（此法即“浓缩茶法”）。

4.以“水可溶物全部溶出”也不至于太浓的茶量泡茶。这时的茶量的克数应是水量cc数的1.5％，浸泡时间要在10分钟以上（此法即“含叶茶法”）。

二十四、茶汤浓度须力求一致吗

一壶茶的数道茶汤，其浓度应力求一致吗？这有两种不同的看法：

1.从每一道茶汤都应将“此时之茶叶”表现得最好的角度看，应该尽量将每道茶汤泡至“所需浓度”，因为我们是将“所需浓度”定义为“此时茶叶的最佳表现”。所以每道茶汤的浓度应力求一致，但品质在三、五道后难免开始下降，直到饮用者认为不宜再泡为止。

2.有人认为每道茶泡出不同的浓度与特性，正可多方面了解茶的状况。这个观点从“评茶”的角度可以说得通，但在欣赏的角度上、在与茶为友的态度上，是说不通的，因为即使“为人”，也无需在别人面前表现出各种不同的“面目”；“评茶”也只宜在特定时间为之，平时喝茶，哪能时时以“批评”的态度与茶为伍，时时泡出不同的茶汤面貌来评论？

第五章　茶道礼法

一、泡茶时的头发

泡茶时头发要梳紧，勿使散落到前面，否则容易不自觉地用手去梳拢它，这样会破坏泡茶动作的完整性，也分散了泡茶的专注度，且容易造成头发的掉落。

二、泡茶与上妆

作为泡茶师或作为客人喝茶，妆饰都以淡雅为原则，避免使用有气味的香水或化妆品、会掉的口红，否则容易干扰茶的欣赏。

三、泡茶时的手饰

泡茶时不宜佩戴太多、太抢眼的手饰，除非特别设计，否则不容易与茶具、动作搭配，甚至影响了泡茶的美感。尽量少戴，最好不戴，完全不戴更容易与茶亲切相处。戴有链子的手环或手表，还容易将茶具绊倒。

四、茶会时的服装

茶会时的穿着，除了配合主办单位的要求外，泡茶师还要考虑泡茶、奉茶的方便，与泡茶席、茶具是否协调。不要穿宽袖口的衣服，容易勾到或绊倒茶具。胸前的领带、饰物要用夹子固定，免得泡茶、端茶、奉客时撞击到茶具。

茶会的服装要求应在邀请柬上标注，如在隆重、正式、时尚、休闲四类别中勾选一项，大家就依主办单位的意思去做。

参加茶会时，大衣、雨具、提包、相机、手机应寄放在衣帽间，手机关掉电源或调为静音。

五、泡茶时的双手

双手要保持整洁、美观，因为泡茶时，双手是茶道艺术上的要角。泡茶前的洗手要将肥皂味冲洗干净，洗过手后不要摸脸，以免又沾上化妆品的味道。茶需要洁净的环境，一有异味，很容易被察觉。

双手与泡茶的桌面要非常干净，茶叶掉了一片在桌上，可以用手仔细捡起来放入壶内继续冲泡。

六、泡茶与健康

感冒、咳嗽，或患有传染性疾病时，不宜泡茶招待客人。手部患有传染性皮肤病或化脓性伤口时也是一样。

泡茶时尽量不要开口。赏茶、闻香时等移开茶叶后才说话。赏茶时不要以手摸茶；闻香时只吸气，茶叶挪开后才吐气。

七、泡茶姿势

泡茶时身体坐正、腰杆挺直，肩膀放松，两臂与肩膀不要因为持壶、倒茶、冲水而不自觉地抬得太高，甚至身体都歪到一边。

养成左右手平衡操作的习惯，避免惯用右手时都用

右手拿茶壶，左手拿水壶，左右手的动作较为匀称

左手拿水壶，右手拿茶壶，左右手的动作较为匀称

右手，惯用左手时都用左手。通常以右手拿茶壶倒茶，左手提水壶冲水（惯用左手的人则对调之），看起来比较匀称。

泡茶时全身的肌肉与心情要放轻松，这样才容易把茶泡好，显现出来的泡茶动作才优美，才容易表现自己的茶道特质。

看左边的水壶时将头转向左边，不要只是眼睛转过去。静待茶叶浸泡时眼睛不要乱飘，要陪同茶叶浸泡，专心于浸泡时间的判断。不要时时只准备好姿势让别人拍照，这样的泡茶者是没有与茶同在的。也不必特意保持微笑，该专注的时候专注，该微笑的时候微笑。

八、茶会时间的掌控

一次茶会的长短要掌控在计划的时间之内，不要因为临时起意而多喝了几道茶或多泡了几种茶。两三位朋友的聚会，不要超过一小时；多人的团体茶会，从头至尾不要超过两小时，没有节制的茶会是不可爱的。

九、奉茶的方法

端杯奉茶时，应注意下列几项要领：

1.距离：奉茶盘离客人不要太近，以免有压迫感；也不要太远，否则给人不易端取之感。客人端杯时，手臂弯曲的角度小于90度时，表示太近了；手臂必须伸直才能拿到杯子，表示太远了。

2.高度：奉茶盘端得太高，客人拿取不易；端得太低，自己的身体会弯曲得太厉害。让客人能以45度俯角看到茶杯的汤面是适当的高度。

3.稳度：奉茶时要将奉茶盘端稳，给人很安全的感

奉茶适当的高度

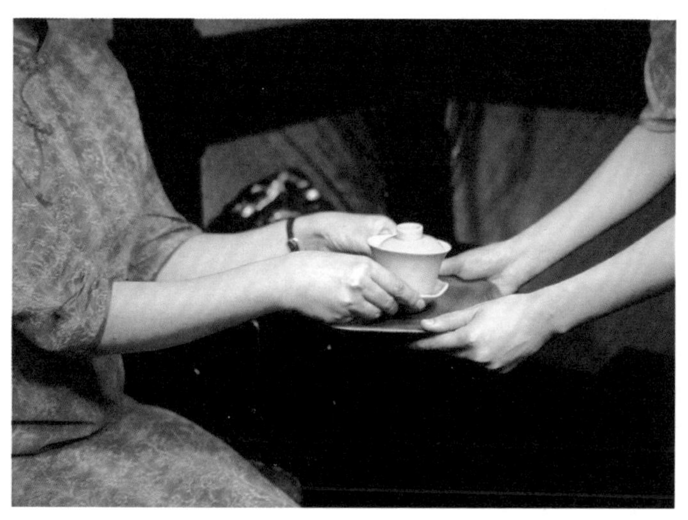

让客人端稳了才离开

觉。客人端妥，把茶杯端离盘面后才可移动盘子。常发现的缺失是：客人才端到杯子就急着要离开，这时若遇到客人尚未拿稳，或想再调整一下手势，容易打翻杯子。另一个现象是走到客人面前，客人以为您站稳了，伸手取杯，这时您突然鞠躬行礼，并说“请喝茶”，连带茶盘也往下降，害得客人拿不到杯子。

4.位置：如果从客人的正前方奉茶，不会有什么问题；如果从客人的侧面奉茶，就要考虑客人拿杯子的方便。一般人惯用右手，所以从客人左侧奉茶，客人比较容易用右手拿取杯子。如果您知道他是惯用左手的，当然就从他的右侧奉茶。

以上是端杯子奉茶的情形，若是第二道以后，持茶盅给客人加茶的状况呢？从客人的右侧奉茶，用右手持盅倒茶为宜，因为若用左手，手臂容易穿过客人的面前，或是太迫近客人的身体。相反的，若从客人的左侧奉茶，就要用左手倒茶了。换左手持盅时，先用右手将盅嘴朝前，再以左手持盅倒茶。倒完茶亦是将盅嘴朝前放着，盅嘴朝前是机动式的放法，任何一只手都可以拿它以不同的方向倒茶。

这时的客人要注意到有人前来倒茶，不要只顾与别人说话，对方倒完茶要行礼表示谢意。还要留意自己的杯子是否放在不易倒茶的地方，若是，应将之移到奉茶者容易倒茶的位置，或是将杯子端在手上以方便奉茶者。如果自己端杯子的手不太稳定，有抖动的现象，可将杯子放在奉茶者的奉茶盘上，倒完茶再端下来。

5.行礼：奉茶时应该行礼或说：“请喝茶。”第一道端杯子奉茶时是：先说“请喝茶”（或行礼），然后客人端取杯子。第二道以后持茶盅奉茶时是：先倒茶，然后再说“请喝茶”（或行礼）。

奉茶时除应该留意将头发束紧等如同泡茶时的服

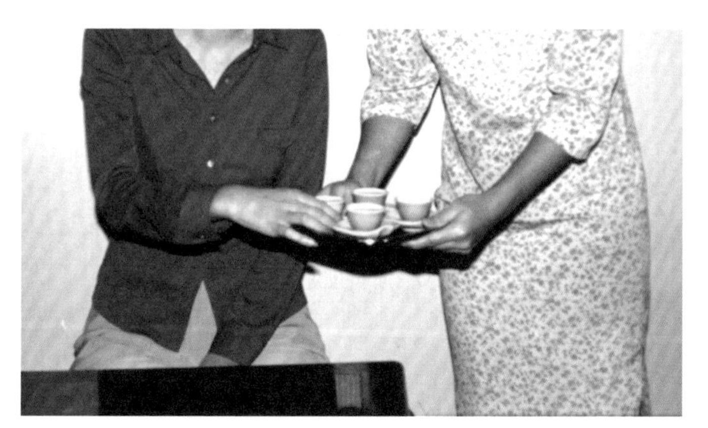

从客人左侧奉茶，客人容易用右手拿取杯子

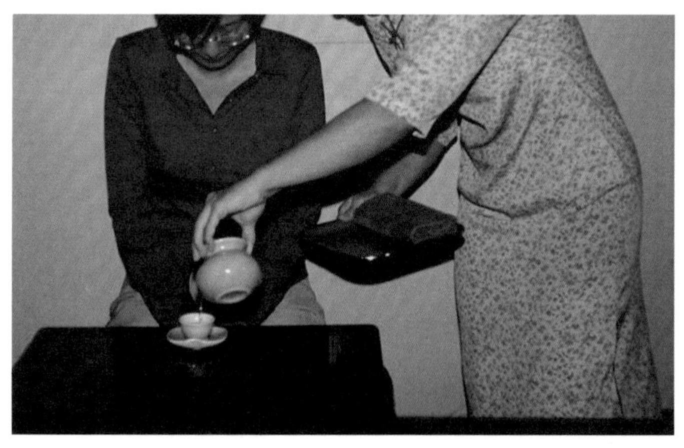

从客人左侧倒茶，要用左手持盅才不会妨碍到客人

仪礼节外，还要注意奉茶时身体会不会妨碍到旁边的客人，如倒茶时的手肘、躬身时的臀部。

6.回程：端杯子奉完茶，空盘子如何拿回泡茶席上呢？依旧如奉茶时双手端着奉茶盘走回去。

第六章　茶具搭配

一、茶具种类

以现代生活上常使用的泡茶方式，以叶形茶与抹茶为例，其基本配备的用具可做下列的分类整理。

（一）泡茶器：

1.多人用泡茶器：茶壶（1）、壶垫（2）与茶船（3）、有流茶碗（分倒茶汤或冷却水温）（4）、茶杯（5）与杯托（6）、茶盅（盛放泡妥之茶汤）（7）、盖置（放壶盖或盅盖）（8）、茶桶（泡大桶茶使用）（9）。

茶壶(1)、壶垫(2) 、茶船(3)

分倒茶汤或冷却水温的有流茶碗(4)

茶杯(5) 、杯托(6)

盛茶汤的茶盅(7)、放盖子的盖置(8)

泡大桶茶的茶桶(9)

2.个人用泡茶器：盖碗（10）、“个人品茗组”（如冲泡盅加一茶碗）、同心杯（内胆可将茶渣取出）（11）。

盖碗(10)

冲泡盅加一茶碗的“个人品茗组”

一壶一杯的“个人品茗组”

一壶一杯的“个人品茗组”组合

同心杯(11)

3.其他配备：茶荷（置茶入壶的用具）（12）、渣匙（去渣用）（13）、茶勺（取抹茶用）（14）、茶筅（打抹茶用）（15）、计时器（16）、奉茶盘（17）、茶巾（18）、茶巾

置茶入壶的茶荷(12)

去渣用的渣匙(13)

盘(19)、茶拂(拂去黏在茶荷上的茶末)(20)、泡茶巾(21)或泡茶盘(22)、叶底盘(23)、茶食盘(24)。

取抹茶用的茶勺(14)

打抹茶用的茶筅(15)

（16）

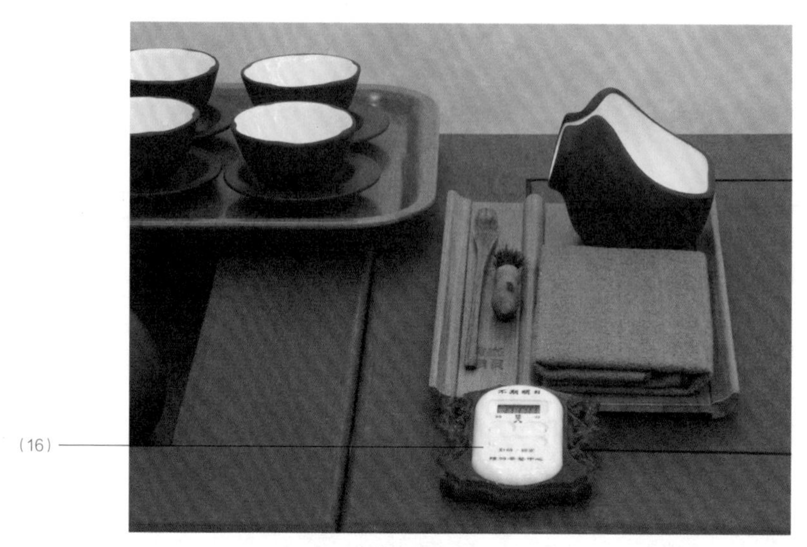

计算浸泡时间的计时器(16)

（17）

奉茶盘(17)

茶巾(18)与盛放茶巾等辅茶器的茶巾盘(19)

刷掉茶末的茶拂(20)

(21)

铺在桌上的泡茶巾(21)

(22)

规范茶具的泡茶盘(22)

赏叶底的叶底盘(23)

茶食盘(24)

(二) 备水器：

煮水器（25）、热水瓶（26）或冷水壶（放泡茶用冷水）（27）、水盂（放弃置之水与渣）（28）。

煮水器(25)

补充热水的热水瓶(26)

放泡茶用冷水的冷水壶(27)

放弃置之水与渣的水盂(28)

（三）储茶器：

茶罐（泡茶时使用）（29）、茶瓮（储茶时使用）（30）。

泡茶时使用的茶罐(29)

储茶用之茶瓮(30)

（四）茶具的家（亦是泡茶时的泡茶席）：

茶车（泡茶专用桌， 有轮子方便移动）（31）、茶桌（32）、侧柜（茶桌放主要泡茶器，侧柜放配件）（33）。

各项茶具的家——茶车(31)

茶桌(32)与侧柜(33)

二、茶具的分区使用

泡茶时，将茶具区分成下列四大类，并分区使用，操作起来比较方便。这四大类为：

1.主泡器：主要的泡茶用具，如壶、盅、杯、奉茶盘等。

2.辅泡器：辅助泡茶的用具，如茶荷、茶巾、渣匙、茶拂、计时器等。

3.备水器：提供泡茶用水的器具，如煮水器、热水瓶、水盂、叶底盘、茶食盘等。

4.储茶器：存放茶叶的罐子。

泡茶时，将主泡器放置在自己的正前方，辅泡器放在右前方，备水器放在左手边，储茶器是收拾于茶车的内柜或茶桌旁的侧柜内。

将备水器设置在左手边是希望以右手拿茶壶，以左

主泡器放正前方：壶、盅、杯、盘等

辅泡器放右前方：荷、巾、匙、拂等

备水器放左手边：煮水器、热水瓶、水盂等

储茶器放内柜或侧柜：大小茶罐

手拿水壶，双手分工合作。若嫌左手力量不够而将煮水壶等也放在右手边，那右手会忙得很；都是右手单边操作，也显得不平衡。如果是惯用左手的人，可将方向全部对调过来。

如果使用泡茶专用的茶车，除操作台面外，备有收纳茶罐、备用茶具等物品的内柜；如果使用一般桌子泡茶，就准备一张侧柜，将茶罐、热水瓶、水盂、备用茶具等物品收拾起来，免得全摆上桌面，显得零乱。

备水器是提供泡茶用水的器具，如果使用电壶等煮水器，那热水瓶只是用以补充煮水器的热水。煮水器摆在桌面或泡茶时方便拿取的地方，热水瓶则收藏于茶车的内柜或茶桌的侧柜内。如果直接使用热水瓶泡茶，热水瓶就摆在桌面或泡茶时拿取方便的地方。

辅助泡茶的用具通常包括茶荷、渣匙、茶拂、计时器与茶巾，这些配件如果个别摆置容易显得零乱，可以准备一件如茶巾盘之类的盘状物将之收起来。

三、茶具摆置的美感

不论是主泡器本身，还是它与辅泡器、备水器、储茶器的相关位置，都要视为一幅画、一件雕塑作品或是一出戏在舞台上演出的情形加以布置与规划，务必使其看起来和谐又美观。这部分牵涉审美上的修养，如果不是应用自己的创作力，就是依照老师提供的基本模式。

四、茶具与茶叶的搭配

茶具与茶叶的搭配包含两层意义，一层是壶具质地与茶汤的关系，这点在第四章第二十一节“茶壶质地与茶汤有关吗”曾经谈过；另一层意义是茶具的颜色、质感与所泡茶叶的协调性。

冲泡龙井、碧螺春等绿茶，如果使用一组深颜色的紫砂壶，会有点不协调的感觉；如果换成一组青瓷，那就可以把绿茶的翠绿、清凉感衬托得很好。相反的，冲泡渥堆普洱用一组精致的薄胎纯白瓷也会令人错愕，而且茶汤在纯白的杯子里会显得太暗；如果换成一组手拉成形的茶叶末(釉)炻器，杯子又是盏形敞口，那沉寂的普洱茶性就更有味道了。

五、茶具的功能性

1.容量：茶壶所需容量是因杯子大小与数量而定，而杯子的大小呢？天气热，又是活动量大的场合，杯子要大；天气冷，又是整天坐在会议室里，杯子要小。选用壶的大小，要让一壶茶汤能一次倒干，若壶大杯小（或杯少），冲水时不要冲到满，只加至需要的水量即可。如果另有一把茶盅可以盛装泡妥的茶汤，茶泡妥后将茶汤全

具断水功能的壶，倒完茶后不会有水滴缘壶嘴外壁下滑

倒入盅内，这时只要考虑茶盅是否可以一次让壶内的茶汤倒光即可。

2.**断水**：倒茶时不会有残水沿着壶嘴外壁往下滑，这就是所谓的能断水，也就是这把壶或这把盅不会流口水，用这样的壶或盅泡茶，才不会有茶水到处滴落。

3.**滤渣**：壶与盅要有良好的滤渣功能，起码要能将茶的粗渣滤掉，而且避免茶渣将出水口堵住。进一步，若能将细渣也滤掉，倒出的茶汤干干净净，那就更好了，为达到这个目的，可以在壶身或盅口加装高密度的不锈钢滤网，或倒茶时慢慢地倒，不要让沉淀在底下的细渣浮动上来。

壶内水口上过滤茶叶的网孔

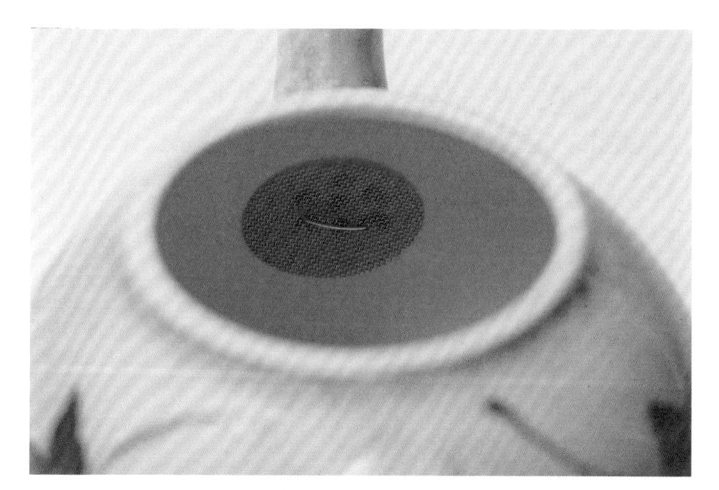

在壶身水孔上加装不锈钢滤网

在盅口上附加不锈钢滤网

4.好提：所谓好提就是容易掌握壶或盅的重心，原则上，壶把或盅把愈靠近壶或盅的重心愈好提。如何提壶，如何持盅，可多方尝试，并对着镜子观看，找出该壶该盅最适当最美观的拿法。至于单手操作还是双手操作并无一定规则可循，小壶小盅单手可以操作就单手操作，超过300cc的中、大型壶、盅，大概需要双手才稳当，也就是一手提壶，一手按住盖钮。

壶把愈靠近壶的重心愈好提取

六、泡茶席上茶具的静态与动态

茶具的静态是指泡茶席上的茶具都已清洗干净，陈放在操作台上呈“备用”的状态。茶具的动态则是将静态的茶具摆放成即将泡茶的样子。两者之间主要的差别如下：

1.静态的茶具或许有一条披巾覆盖着，动态时则将之掀开。

2.静态时的煮水器只是装入少量的安全性用水，动态时则加满所需的泡茶用水，而且视需要开始加热。如果直接使用热水瓶泡茶，静态时是空热水瓶，动态时是装上了所需温度的泡茶用水。存放“补充用水”的热水瓶或水方亦是如此，静态时是空置，动态时是装入热水或冷水。

3.静态时奉茶盘上的杯子是尚未摆放出来的，或已摆放出来，杯子倒扣，动态时是将杯子从收纳处取出，正放在奉茶盘上。

静态时的杯子是呈覆盖的样子

动态时的杯子是呈掀开的样子

4.静态时的茶叶罐是空的，或是从缺，动态时则装入所要冲泡的茶叶或由泡茶师直接拿出。

5.静态时的茶巾是与辅泡器放在一起成“陈放”的样子，动态时的茶巾是将之摆放在茶壶（或抹茶时的茶碗）与茶盅的下方。

那刚泡完茶，尚未清洗的状况应称为什么呢？就称为“待洗”吧，不论是已在席上做完“去渣”等初步处理与否，都属茶席上茶具的“待洗”状态，客人离开后还要将茶具做一番清洗。这时的杯子应该正放，泡茶区不要有披巾覆盖，以免误会为已清洗过的静态状况。

第七章　小壶茶法

一、小壶茶法的定义

小壶茶法是指以“小型壶具”冲泡叶型茶(非抹茶)的方法与品饮方式。茶壶大约在400cc以内或大一些,杯子大约在50cc左右,装一次茶叶,冲泡数次以供品饮。

小壶茶法的茶具

叶型茶(用浸泡的方式)

抹茶(用搅击的方式)

小型壶又因搭配的杯子大小与数量分为单杯壶、二杯壶、四杯壶、六杯壶、十杯壶、十二杯壶等不同的大小与配置。

小壶茶法是与盖碗茶法、大桶茶法、浓缩茶法、含叶茶法、抹茶法、旅行茶法、冷泡茶法、调饮茶法、煮茶法相对应的一种泡茶法与品饮方式。

二、小壶茶法的茶器配备

除辅泡器、备水器、储茶器外，小壶茶法的主泡器是壶与杯，若为方便分茶入杯，可增加“茶盅”（或称茶海，或称公道杯），若为使茶壶有个承座，可增加“茶船”或“壶垫”。若为增加杯子的完整性，可增加“杯托”。

小壶茶的主体配备：壶、杯、盅、船、垫、托

三、持壶法

小壶茶的持壶法并不是非怎样不可，只要容易掌控壶的重量，操作自如，而且手势优美即可。原则上200cc以内的小型壶单手操作，200cc以上的大型壶双手操作。所谓单手操作就是提壶与按钮皆由一手为之；双手

小型壶单手操作

大型壶双手操作

操作则以另一只手的食指按钮。若小壶的重量以单手操作起来太过吃力，如小朋友泡茶，也可以用双手操作。

壶把的结构一般分为“侧提壶”“横把壶”“飞天壶”与“提梁壶”四大类，每种壶的拿法现以四张照片提供参考，再依自己的手形与个人喜好加以修订，练习时可面对镜子逐一比较。

侧提壶

横把壶

飞天壶

提梁壶

侧提壶持壶法

横把壶持壶法

飞天壶持壶法

提梁壶持壶法

四、持盅法

茶盅一般有三种形式，持盅法分述如下：

1. **圈顶式**：盅顶有一圈环，是盅口的地方也是持盅之所在，一般配有盅盖。拇指与中指夹住圈顶，食指按住盅钮，其余两指抵住圈顶下方。

这类型的盅尚包括一种无明显圈顶，只是在盅口两侧加上垫片以增强拿取的方便，取盅方法亦如上述。

2. **茶壶式**：形式如同茶壶，有把有盖，拿取法就如同茶壶。

3. **杯子式**：形式如同杯子，通常加有把手，并在杯口处设有便于倒水的“流”。这种盅，倒茶时就以单手持盅即可。

圈顶式茶盅拿法

五、备水

所谓“备水”是指泡茶席上“加水”“调温”的动作，若是从其他地方加好适温的水拿到泡茶席上使用，视为“备水”完成。

加水时要将面前的“主泡器”（如茶壶、茶船等）挪到一边，腾出一个空间，将煮水器的“水壶”拿到面前，然后拿出热水瓶加水或是从“水方”取水加之。为什么要将水壶移到面前加水呢？因为煮水器往往放在左边，斜着身子倒水，尤其是热水，不但吃力而且危险，万一热水溅出，容易烫伤别人。加水时，不能把水加得太满，免得烧沸后喷出溢出。如果煮水器放在地面或几上，要离开座位，站着，或以方便的方式加水。

将水壶拿到面前加水

加完水，接着要考虑水温，水温不够，打开热源使水继续加温；水温太高，关掉热源。正常状况是，闲置时煮水器内仅留安全上需要的水量（如避免意外的干烧），备具前应将之倒掉。加温到适当程度，及时将热源关掉，不论这时的泡茶动作进行到哪里；若不这样，到了泡茶的时候，不是水温已变得太高就是水一直滚个不停。

提热水瓶加水时避免单边的肩膀与手臂抬得太高而影响了身体的平衡。

六、行礼

泡茶的准备动作是在将茶具从静态变为动态（将茶巾从茶巾盘拿到壶、盅的下方，把倒扣的杯子放正），并备妥水后方告完成，这时应检查一下自己的坐姿，调整一下自己的心情，准备开始泡茶。若是茶道演示的场合，这时起立向大家行礼。

行礼时要确实站正、站稳后才行礼，行完礼站正后才坐下。每个动作做得确实，给人的感觉才沉稳。行礼躬身的角度以大约15度为佳，不要只是点个头，双手自然下垂。

七、温壶

温壶是泡茶前将茶壶温热的动作。其目的有二：一是将壶温热，避免水温被壶壁吸收而骤然下降，影响泡茶的效果。热水倒入未温热的茶壶内，温度会降低5℃左右。二是温过壶，将茶叶放入壶中，藉壶身的热度将茶叶香气烘托出来，可供欣赏茶香。若不是为了闻香，或是这种闻香移到第一泡茶倒出后，温壶是可以省略的。水温降低的问题可以以提高备水时的温度来克服。若备水时的水温太高，也可以故意不温壶，藉此降低泡茶用水的温度。

温壶是泡茶的第一个动作，这时候若水温尚未达到所需的标准，只要不是相差太多，是可以不必等待的。

温壶所注入的热水以八分满为度，为什么呢？因为这是放入茶叶，浸泡数道后倒出茶汤的大致份量，我们稍后尚要利用温壶的水来“温盅”与“烫杯”，正可测量茶盅是否可以让茶壶一次倒干，“汤量”是否足够所需的杯数，若觉得太少，倒茶时可以每杯少倒一些，若发现太多，则冲水时少冲一些。冲水时水注不要太粗，而且稍微拉高一些，因为若水注太粗，而且就在壶口上倾倒，看来有如灌水一般。

注水入壶，等到备完茶，请客人赏完茶后才将温壶的水倒出，因为若太早将热水倒出，就起不到温壶的作用。

八、备茶

备茶是将茶叶准备好，以便放入壶中。这包括将茶罐打开，将适量的茶叶拨入茶荷，含有“将茶请出”与

“拨茶入荷”的备茶方式

"量茶量"的意义。

泡茶席上使用的茶罐是小型罐，打开罐盖时以一手持罐，一手开罐为宜。打开茶罐后，将茶荷置于面前，一手持罐，一手持渣匙，利用渣匙将茶拨入茶荷内。

拨茶入荷时，同时衡量此次泡茶所需的茶量，人数少，少倒一点；客人逗留的时间短，少倒一点。以壶的大小作为茶量的衡量标准也可以，这时就必须依人数先决定壶的大小。

为便于第一次"置茶"后茶量之增减，备完茶尚不急于将茶罐收拾，暂时放于泡茶席的操作台上，等"识茶""赏茶""置茶"的动作完成，再将茶罐收归定位。

九、识茶

识茶是泡茶师在泡茶前对茶叶的认识，以便泡茶时采取适当的方法。这个动作经常于"备茶"中或"备茶"后为之，因为茶正在拨出，或已经拨入荷内，观看比较容易。

识茶的项目如：从茶叶的绿或红看出发酵的程度，从茶叶颜色深浅看出焙火程度，从茶叶外形看出揉捻程度，从茶叶长相看出老嫩程度，从茶叶完整性看出细碎程度……，这些认知都有助于对水温、置茶量、浸泡时间、冲泡次数的掌握。

十、赏茶

赏茶是品饮者在喝茶前欣赏茶叶之外观，包括体会该种茶特有的风格。赏茶也是以备完茶后，在茶荷中观赏为最佳时机。

赏茶时可从茶叶的色相了解该茶香型的种类、滋味的特质，从色泽的明度了解生熟的感觉，从外观紧结的程度了解香味频率的高低，从原料的老嫩程度了解茶性的粗犷与细致……

泡茶师识完茶，将茶荷传递给品饮者逐一赏茶，在教学的场合，泡茶师可以从旁提供一些该种茶的基本资料，增加大家对该种茶的了解；在纯品饮的场合，尽量让大家直接从茶叶、茶汤、叶底去体会与欣赏，甚至连茶名都不提供，以免受到既有认知的限制，也避免茶汤作品的欣赏变成上课或闲聊。供赏茶的茶荷传递到最后一位客人，由这位客人将茶荷送回泡茶席原来放茶荷的地方。

赏茶时只是用眼睛观看，至于闻香，稍后有闻香的专属时间，而且从茶汤的品饮中也可以充分体会到茶香。

人数众多的场合，可另备一两个茶荷供客人赏茶，以免耽搁泡茶的时间。泡茶师用眼神陪着客人赏茶，待茶荷全送回后才开始泡茶。

十一、温盅

在壶内浸泡到适当浓度的茶汤，一次全部倒入茶盅之前，将茶盅温热的动作称为“温盅”。一般的做法是利用温壶的热水来温盅，也就是在置茶入壶之前，将温壶的水倒入盅内。这样做，一方面是为了节约用水，另一方面是利用这个机会判断一下茶盅的容量是否可以一次将壶内的茶汤倒干，如果差一点，泡茶冲水时要少倒一些。

温盅的目的在于提高盅温，减少茶汤降温的速度，但如果这种茶在汤温稍降后更有利于香味的欣赏，如白毫乌龙，或是急着藉这杯茶解渴，太烫反而不能大口大口地喝，则可故意不温盅，这时温壶的水直接倒入排渣孔或水盂内。

十二、置茶

置茶就是把备妥的茶叶置入壶内。泡茶师在客人赏完茶叶将茶荷送回之前，将温壶的水倒入盅内温盅，或是直接倒掉（如果不温盅）。茶荷送回后，持之将茶叶倒入壶内，这时另一只手可持渣匙，协助将茶叶拨进壶内。置完茶，若茶荷内黏着有茶末，拿茶拂将之刷至排渣孔或水盂内。置茶、拂茶荷的手法如附图所示。

茶荷可以是陶瓷制品，也可以用竹器，也可以用纸张为之，如果是“纸茶荷”，可以折叠起来放在茶罐内备用。

置茶常犯的毛病是勾头看壶内的茶量。置茶后常会以渣匙拨平壶内的茶叶，用以判断确实的茶量，这时不要将头勾下来看。

置完茶若觉得茶量太少，可以重复补足茶量，若置至

持茶荷将茶置之入壶，以渣匙辅助之

持茶拂将茶荷上的茶末刷至排渣口或水盂内

用纸张做的“纸茶荷”

半途即发觉茶量太多，可以中途打住，将多余的茶叶倒回茶罐内。等确定了置茶量，盖上壶盖，收拾好茶叶罐。

收拾茶罐时，盖上罐盖的方法是一手拿罐身，一手拿罐盖，将盖子盖上；若是将罐子放在桌上，手拿罐盖往罐身上压，看来没那么亲切。不只是茶罐，举凡各种器物，使用完放回时不要一扔了之，要谨慎地收拾，轻轻地放下，就有如与爱人离别的心情。

十三、闻香

在泡茶过程中，所谓的“闻香”是指欣赏茶叶本身的香，而不是茶汤的香。欣赏茶叶的香主要是在温壶后置茶，藉壶身的热度将茶叶的香气烘托出来，所以置完茶，盖上壶盖，等收拾完茶罐，就可以打开壶盖欣赏壶内茶叶飘送出来的香气。泡茶师利用闻香的机会更进一步了解茶的品质状况，以利稍后的泡茶。泡茶师闻过香，也将壶递给客人闻香，让客人在喝茶汤之前对该茶有进一步的认识。

欣赏壶内干茶的香气

传递茶壶给客人闻香时，若将壶把调到客人的右手边，那客人就可以很方便地以右手提壶，左手打开壶盖闻香（惯用左手者则相反）。泡茶师闻过香，将壶放下时就把壶嘴朝前放，然后换左手提壶，递至位于对面的客人面前，这样壶把就在客人的右手边了。至于坐在同一方向的客人间之传递，只要以同一方向将壶递送过去即可。最后一位客人闻完香，要将茶壶还回泡茶师的操作台上，还回去时也要将壶把调到泡茶师的右手边，方法

闻过香，以壶嘴朝前的方式放下

换左手提壶递送至对面的客人桌上

送给同一方向的客人，就依同一方向将壶递过去

是：闻完香将茶壶在自己面前放正，使壶嘴朝前，然后以左手提壶，右手护持着，送到泡茶师面前放下。这是茶道中“处处为对方着想”的做法。

持壶闻香时要养成随手盖上壶盖的习惯，不要将壶盖打开放在一边，只拿着壶到处传递，这样很快就闻不到香气了，因为香气是容易挥发的微量物质，一定要闻完香马上盖上盖子。若是还有客人未欣赏到茶香，可请他们稍候，待泡完第一道，将茶汤倒出，再行闻香。用鉴定杯评茶时的闻香也是在倒出茶汤后闻茶渣（评茶时称为叶底）的香气。

持壶闻香是只吸气，等壶离开面前后才吐气。

有些茶闻“茶干香”的效果很好，有些茶是冲泡过后的茶叶香气才好，甚至有些茶是冲泡过，放冷一点，香气才表现得更佳。可依茶性，利用各种不同的方式请客人赏香。

以上所说的是欣赏茶叶本体的香，等一会儿茶汤泡出后喝茶，还有另一次赏香的机会。前者是从茶叶本体散发出来的香气，后者是溶入水中的香气，有些茶闻茶干很香，但喝起来不怎么香，有些茶闻茶干不怎么香，但茶汤喝起来很香。当然有的茶两者都香，有的茶两者都不香。因为香的成分有太多种类，有些易溶于水，有些不易溶于水，大体说来，“茶汤”会香的茶比较难得，而且比较耐保存，只有“茶干”香而“茶汤”不香者，放一段时间后香气容易挥发掉。

十四、烫杯

客人闻香时，泡茶师的眼神要陪伴着客人，等闻香的壶送回，才继续烫杯的动作。也就是利用温盅的水，持盅将之分倒入杯，利用水的热度将杯子烫热。为什么要利用温盅的水烫杯呢？因为这样正可测量这壶茶是否足够供应那么多杯，若是不足，稍后倒茶时可以每杯倒少一点，如果太多，泡茶时可以少冲一点水；如果发现少得太多，或是多得太多，可考虑连泡二道作一次奉茶或泡二道茶作三次奉茶。另外，利用温盅的水烫杯尚有一个原因：这时的水温不至于太高，可避免稳定性不高的杯子破裂。有些杯子在冷热温差大时容易破裂，尤其是单面上釉的杯子。

烫杯的目的有二：第一，提高杯子的温度，免得茶汤冷得太快。这个顾虑若不存在，烫杯可以省略。第二，使客人喝茶时，手接触到的杯子温度与口喝到的茶汤温度接近一些。如果杯子没烫过，分完茶马上端给客人，客人拿到的杯子是冷冷的，喝到的茶汤是烫烫的，感觉不好，而且容易误判，不觉得茶汤有多热而一口饮进，可能会烫着嘴巴。若因为茶汤不需要那么烫，如白毫乌龙，温度降一点反而容易体会其可爱的熟果香，可于分完茶后，等个半分钟才将茶奉出去，让杯子吸够茶汤的温度，

利用温盅的水烫杯

茶温降下来了，手握杯子也不再是冷冷的。

有人烫杯的方法是将杯子侧置于高缘的茶船内，船内倒入热水，用手指转动杯子使其在热水中旋转数圈。有人是以一个杯子侧置于另一个装有热水的杯子内，转动侧置的杯子使其在热水中旋转。这些若都算是烫杯的方法，就得考虑烫杯时所发出的声音以及相互磨擦可能对杯子造成的伤害。小壶茶法不使用这些烫杯方式。

将杯子放在泡茶席旁的烤箱或保温柜内，分茶前才将杯子取出，也是烫杯的一种方式。这时温盅的水则直接倒掉。

若是以温盅的水烫杯，在烫杯的过程中只需持盅将水分倒入杯，就这样让杯子装上热水放着，等到倒完茶，要分茶入杯时才将烫杯的水倒掉。

十五、冲泡

客人闻香期间，泡茶师除以眼神陪伴着客人，还要留意水温的状况，若还在加温，到了适当时候要及时关掉热源。待传出去闻香的茶壶送回后，提起热水壶，将适量的热水冲入茶壶内，而且趁冲水的机会将壶内的茶叶打湿。为达到淋湿茶叶的目的，可采用"绕倒"的方式，而且依向内绕的方向，也就是若以左手持壶冲水，则以顺时钟方向绕倒，因为向内转的姿态要比向外转的方向看来亲切。

前面说过冲水时要注意所需的水量，不一定非要冲满一壶不可，是为了一次能将茶汤倒光，但受茶盅容量或杯数限制，就只能倒七分满或半壶。若是要冲满一壶，也是以九分满为度，因为若倒得太满，盖上壶盖时会把茶水从壶口或壶嘴挤出，若从壶口满溢，还会把茶叶一并带出，万一卡在壶口上，就会影响到盖壶盖。

有人冲水时故意冲得满溢出来，藉此将茶的泡沫冲掉，这是没有必要的，冲水后产生的泡沫是泡茶必然的现象，泡沫的多少还依茶况而异，这些泡沫是茶叶内一些成分造成的，饮之无妨，而且等分茶到杯子时，就看不见这些泡沫了。

有人冲完第一次水后立即将茶汤倒掉，紧接着冲第二次水才算正式的泡茶，说是将茶冲洗一下，或说是将茶温润一下，这种做法也没有必要。后发酵的普洱茶以及陈放过的老茶，冲泡时也不要将第一泡倒掉，这类茶的“水可溶物”释出速度相当快，第一泡倒掉会造成很大的损失。不合卫生条件的茶是不应该拿来饮用的，如此冲一下水倒掉并不能解决卫生上的问题。

十六、计时

冲完水，盖上壶盖，放回热水壶后按下计时器开始计算茶叶浸泡的时间。若是没有专用的计时器，手表、墙上时钟，或是心算都可代替。浸泡时间的控制是泡好茶

计算茶叶浸泡的时间

很重要的一项因素，尤其是小壶茶，是以“茶多汤少”的方式冲泡，差个几秒都对茶汤影响甚大。

向前读秒的计时器是被推荐的，因为时间只是作为控制茶叶浸泡的参考，每次都要因上回茶汤浓度等因素加以调整，倒数计时的时钟每次须设定，反而不方便。倒数完毕还有叫声者更是破坏泡茶的气氛。

有人以为使用计时器太过呆板，但只凭直觉来判断是不够精确的。只是使用计时器时不要一直盯着它看，好像只要等到时间一到就要冲锋陷阵似的。重要的还是要用心判断，比如可数自己的呼吸，计时器只是辅助的工具。

茶叶浸泡期间，泡茶师与其他欣赏茶汤的人要将心放入壶内，陪伴着茶叶浸泡在水中。泡茶师不要东张西望、不要忙着整理茶具、不要东擦擦西抹抹，其他欣赏茶汤的人也不要聊天。

十七、倒茶

倒茶是指茶在壶内浸泡到适当浓度，将茶汤全部倒

将泡好的茶一次全倒于盅内

出的动作。分为“倒茶入盅”与“分茶入杯”二种方式：

倒茶入盅是将泡好的茶汤一次全部倒于盅内，达到茶汤、茶渣分离，控制浓度的目的，而且先后倒出的茶汤在盅内混合，浓度已趋一致。所以接下来的持盅分茶入杯，一杯杯直接倒满即可。

分茶入杯是将泡好的茶汤直接倒入所需杯子内，这时的杯子应该是有数个，若只是一个杯子，即如同是茶盅一般，归于“倒茶入盅”之列。一次将茶全部分倒数杯内，也达到了茶汤、茶渣分离，控制浓度的目的，但先倒的浓度偏淡，后倒的浓度偏浓，必须以“平均倒茶法”方能达到浓度平均的目的。所谓平均倒茶法是分来回两次将茶倒于数个杯子内，例如分茶四杯，则第一杯先倒1/4，第二杯先倒2/4，第三杯先倒3/4，第四杯倒满；接着往回倒，将每杯补足，也就是第三杯补1/4，第二杯补2/4，第一杯补3/4，如此，最淡的加上最浓的，次淡的加上次浓的，每杯的浓度可以接近平均。有些人是不停地来回倒，虽然也可以将浓度拉平，但来回太多次会显得繁琐。

倒茶入盅或分茶入杯时，茶壶都不要倾斜得太厉害，如超过了90度，会造成“迫人”的感觉。倒茶时应留点时间让茶汤慢慢流干滴净，不要急迫，甚至于到了最后还上下甩动着茶壶，恨不得茶汤快快地一滴不剩。

十八、备杯

备杯就是把杯子准备好，以便将泡好的茶分倒入杯。这时的杯子装有热水，正在烫杯，备杯的动作就是把烫杯的水倒掉，在茶巾上沾干杯底，放回奉茶盘上。如果杯子是配有杯托的，这时的杯托应放在奉茶盘上，而且摆成了美丽的阵容。

如果杯子是放在烤箱内，备杯就是从烤箱内将杯子取出，直接排列于奉茶盘上。

十九、分茶

所谓分茶就是把泡好的茶分倒到杯子内。如果泡好的茶是已经倒至茶盅，这时是持茶盅将茶分倒入杯；如果泡好的茶还浸泡在壶内，则持壶以平均倒茶法将茶汤分倒到每个杯子内。

不论是持盅分茶还是持壶分茶，在每个杯子都要完成倾倒与提起壶、盅的动作，不是一面倾倒一面将壶、盅拉到隔壁的一杯，虽说杯杯并肩排列，但仍然会将茶汤撒落出来。

分茶的茶量，30cc左右的小杯以倒九分满为原则，因为杯子已经够小，只倒八分满会觉得太少；90cc左右的大杯可以倒六分满，因为杯子大，甚至于只倒半杯都不觉得有什么不对。

二十、奉茶

奉茶包括第一道的“端杯奉茶”与第二道以后的

以奉茶盘“端杯奉茶”

以奉茶盘“持盅奉茶”

“持盅奉茶”。第一道茶一般是在操作台上把茶分倒入杯后才以奉茶盘端杯子奉茶，但也有事先将空杯子分发到客人面前，这时就以“持盅奉茶”的方法奉茶。

大家如果“促膝而坐”，而且坐着就可以拿到杯子，泡茶师就坐在原位请客人逐次端茶，或起立站在原位，端起奉茶盘请客人端茶，不必离席。如果桌面颇大，泡茶师可以端着奉茶盘向第一位客人奉茶，然后将奉茶盘放下，请第一位客人将奉茶盘传给第二位客人，由客人自行端杯，并将奉茶盘传递下去。最后一位客人取走杯子，将奉茶盘送回泡茶席。

如果大家采“分坐式”，泡茶师就端着奉茶盘向每位客人奉茶。奉茶时由客人自行从奉茶盘上端取杯子，客人端走一杯二杯后，若考虑到盘子上杯子摆放的美感，或想将奉茶盘边缘的杯子移到中间方便客人端取，可在离开客人面前后将杯位整理一下。

第二道以后，客人继续使用原来的杯子，泡茶师将泡好的茶倒于盅内，在促膝而坐的场合，直接持盅将茶倒于客人的杯内，或将茶盅放于奉茶盘上，向第一位客人奉茶后，由客人自行倒茶与传递。客人倒茶的份量应依照第一道泡茶师所提供的。在分坐式的场合，将茶盅放于奉茶盘上，并备一条茶巾，端着奉茶盘出去奉茶。倒完茶，若有茶汤从盅嘴滴下，可将茶盅在茶巾上沾一下，若倒茶时有茶水滴落到客人的桌面上，拿茶巾沾干。

奉茶盘有方向性时，让正面朝向自己

奉茶盘若有镶边，让镶边的接缝点朝向自己

奉茶盘摆放与使用时，若盘子有明显的方向性，如盘面有一幅画，让正面朝向自己；若盘子无方向性，但盘缘有镶边，镶边的接缝点应让其朝向自己，也就是让完整的一面向着客人。杯子若有方向性，如杯面画有图案，使用时，不论放在操作台上或是摆在奉茶盘上，都让正面朝向客人。客人端起杯子后，一面欣赏茶汤的颜色，一面将正面调向外方，此后闻香、品饮以及将杯子送回泡茶者，都是正面朝向前方。

第二道以后的奉茶，唯恐有人未将茶汤全部喝完，可备一只小水盂放在奉茶盘上，遇到对方杯子尚留有茶汤时，问他："还要喝一杯茶吗？"如果他说不要了，就不要再倒茶给他；如果他说还要，就将他杯内剩下的茶汤倒入水盂，然后再为他斟上一杯新茶。客人自行分茶与传递时亦是如此做法。

备一只小水盂在奉茶盘上

奉茶时要为泡茶师自己也留一杯，“端杯奉茶”时是等奉完茶回座后，径自从奉茶盘上端杯饮用，饮用后将杯子放于泡茶席适当的地方。“持盅奉茶”时是等奉完茶回座位后，放下奉茶盘，将茶巾归位，持茶盅为自己倒上一杯，接着将茶盅放回泡茶席原来的地方。为什么泡茶师自己也要有茶喝呢？因为泡茶师与客人同步品饮，才是茶道艺术作品创作与呈现的方式，也才知道茶泡好了没有，有什么缺点可及时修正。

二十一、品饮

客人端杯时，小杯单手端取，大杯（如盖碗）双手端取，杯子配有杯托时，连同杯托一起端起来。

端过杯子，将杯子连同杯托交给左手（惯用左手者则对调之），先观赏汤色，再从杯托上端杯闻香，这时若发现温度太高，将杯子连同杯托移放桌上，等温度稍降后，再取杯饮用。品饮的时候可只取杯，也可以连同杯托一起端取，后者正式，前者轻松，端赖品饮的场合而定。

品饮时很自然地分数口将茶喝掉，茶在口里，用心体会一下茶香、茶味的各种成分与感觉，只要有这份关注，自然显现在外的就不是囫囵吞枣（不一定要说成“分三口喝”）。有些人看到评茶师在评茶时先含半口茶汤，然后微启嘴唇用力吸两三口气，发出“丝丝”声响，让茶汤瞬间分散到口腔各部位，利用口腔各部位对香味不同的灵敏度，体认茶汤的各种品质特性，同时，吸气时可以把香气带出，使其往上窜升，冲上上颚，达于后鼻腔，这是快速辨别香气的有效方式。但是平日品饮茶汤时无需如此（像个评茶员），但可藉用评茶上的要领，让自己喝茶时体会得更多。

泡茶师奉完茶，主动邀请客人一起端杯饮用，不必要有口头上的邀约，只是端起杯，环顾一下客人，然后大家一起品饮。人数众多时，或不同在一个区块时，可以在被奉完茶后个别饮用。被奉了茶，应该在最适当的温度下品饮完毕，不应有剩余的茶汤留到下一回的奉茶，如果自己不想再喝，奉茶时可说明清楚。如果杯内留有茶渣，就留在杯底，让奉茶者在奉下一道茶时，将之倒掉，如果是自行传递茶盅自行倒茶，则自行将茶渣倒入奉茶盘上的小水盂。

喝完最后一道茶，如果杯上留有口红，自行用纸巾擦拭。如果饮用的是末茶，杯内难免沾有茶末，这时泡茶师会奉上一道白开水让大家把杯子涮一下，涮过杯子的水就当作欣赏“空白之美”般地喝掉。如果泡茶师没有这道动作，客人可以主动要求，表示客人珍惜之意。

品饮时有人使用两个杯子，一个叫“闻香杯”，专司闻香，一个叫“品饮杯”，专司饮茶。供茶时是将空白品饮杯先行送至客人桌上，将泡好的茶汤分倒于闻香杯，然后端闻香杯奉茶。客人接过闻香杯，将茶汤倒至品饮杯内，持闻香杯欣赏留在杯内的茶香（称为杯底香），再持品饮杯品饮茶汤。第二道以后的奉茶也是将茶倒于闻香杯内，被奉者再自己将茶倒于品饮杯。

喝茶时先闻杯子的“汤面香”，再从口腔中体会“汤中香”，喝完茶再闻留在杯子里的“杯底香”，一个杯子可以完成闻香与尝味的任务。不一定要另备闻香杯专司欣赏杯底香的功能，小壶茶法未将闻香杯列入必需的程序。

二十二、品水与空白之美的应用

泡茶用水是表现茶汤品质很重要的因素之一，而且水的本身也是可以品尝的对象，所以品茗过程中常加入品水的项目，也就是喝了数道茶之后，请大家喝一杯白水，这时这杯水会显得特别甘美，刚才喝过的茶味也会再度被衬托出来，是“空白之美”很好的应用。

应用之道是将泡茶用水倒入茶盅或另一把盅内，持盅分倒于每人杯内，第一杯难免会混杂有刚才茶汤的滋味，可再度奉上一杯。备水入盅可提早为之，让水温变得凉一些。品水过后再喝一道茶，味觉上起承转合的效果更佳。

二十三、茶食与茶餐

茶食是品茗间搭配的小点心，茶餐是与茶会搭配的餐食。茶食一般都在茶会的下半场供应，目的是让前半场专心品茗，不要有其他事务干扰，后半场可能肚子有点饿了，而且可以藉茶食增加一些变化。茶餐就是三餐之一，与破晓茶会、清晨茶会搭配的是早餐，与正午茶会搭配的是午餐，与夜晚茶会搭配的是晚餐。

抹茶道在喝抹茶之前会请客人吃一小块甜点，因为这样更易衬托出绿抹茶的风味，因而相因成习，变成了抹茶道的规矩，但煎茶道有人改在喝第二杯茶汤之前才吃茶食。

茶食一般避免味道太重，如太咸、太甜、太酸、太辣都会影响对茶味的欣赏。可以用手取食，一口就放进嘴里，无需分口咬食的茶食比较不会有碎屑掉落，食后无需吐渣的也是正式茶会上较受欢迎的茶食。供应茶食时可使用大小、质感相称的餐巾纸或书画用棉纸作为盛装的材料，食用后可拭嘴擦手，将碎屑打包，自行带走。

茶食过后要品一道清水与一道茶汤才结束，或继续进行茶会。茶食不要是最后的一道程序。

与茶会搭配的餐食一般要求精俭，菜式不要太多太奢，毕竟主体还是茶会而不是餐会。饭菜的供应与享用要求秩序、美感。这样的茶餐有人沿用禅宗的用语，称为“怀石”。茶会若包含有茶餐，应于邀请时告知与会者。

茶食、茶餐与茶料理不同，茶食只是表示在喝茶间食用的小食品，茶餐只是表示配合茶会而供应的早、午、晚餐，但茶料理是指以茶为原料，或为佐料制成的食品或菜肴，有人将之称为茶菜、茶肴或茶食品。

二十四、去渣

“小壶茶”一壶能泡几道、应泡几道？通常小壶茶能泡五六道，除非茶量放得特别多或特别少，但原则上以泡至味道变淡为止。至于一次茶会应泡几道，应视茶会原先安排的时间而定，若这次茶会只许喝三道茶，那茶叶就不要放太多；若这次茶会包括品水、吃茶食，那势必要泡五六道，茶叶就要放多一点。

结束茶会前，或是再继续泡第二壶茶，要不要当场去渣呢？如果结束茶会，在赏完叶底后就收杯结束；若还要继续泡第二壶茶，又没有另一套茶具可用，就要当场从事去渣的动作。

去渣是泡完茶后，将壶、盅清洗干净的动作。首先是把泡过的茶叶从壶内清出，使用的工具称为“渣匙”。茶叶直接放入茶车的排渣孔或侧柜的水盂内，清理时尽可能去干净，免得稍后涮壶时不容易一次将壶冲洗干净。持渣匙去渣时，以拿餐刀的手法较易使力，这与置茶时，持渣匙拨茶入壶的拿法不同，拨茶入壶是以拿笔的方式较方便（参阅193页图）。

清理完茶叶，先在壶外淋一圈水，将壶表冲干净，

持渣匙去渣时，以拿餐刀的手法较易使力

涮壶

集中茶船内的碎渣

接着在壶内冲半壶水，换惯用的一只手提起茶壶，以绕圆圈的方式使水在壶内打转，然后翻转壶身，使壶底朝上，让旋动的水将壶内细碎的茶渣一并带出，倒至茶船或水盂内。随后在茶船上漂洗壶盖，利用渣匙将茶船内的细渣集中到稍后持茶船倾倒茶水时出口的一方，这样才容易一次将茶船清理干净，同时也漂洗了渣匙。若所使用的茶船无法容下半壶的茶水，涮壶的水就得倒入水盂内，那时壶盖与渣匙若有碎渣需要清理，倒掉涮壶水之前，先将渣匙在壶内漂洗，倒掉涮壶水时先冲掉壶盖上的碎渣。

涮壶时，为什么要强调倒半壶的水呢？因为如果水倒得太多，不容易使水在壶内旋转，这样就不容易把壶内的碎渣一次冲洗出来。

渣匙清洗干净后要用茶巾擦干，但壶盖清洗后不必在茶巾上沾干，直接盖回壶上即可。检查一下茶盅还剩有茶汤否，有的话倒到杯内喝掉，然后冲入半盅开水，取下滤网，翻转滤网，持茶盅将滤网在排渣孔或水盂上冲

持茶船倾倒茶水

取下茶盅滤网

翻转滤网

持茶盅将滤网冲洗干净

洗干净。倒掉盅内多余的开水。一切清理干净，用茶巾将桌面与茶具底部擦干。

以上是茶席上清理壶具的一种方法，如何有条不紊而且有效地将各项动作做完是应该研究与练习的。由于每人使用的茶具与茶席设备不一，方法与动作无法一致，也无需一致。

二十五、赏叶底

以深入了解茶况的心情品茗时、以尊重茶叶各生命周期的心情品茗时，品完茶汤作品，可增加“赏叶底”的程序，即观看被泡开的茶叶。茶叶浸泡过后，赤裸裸地展现给大家看：茶青的老嫩、发酵的程度、萎凋有无缺失、焙火情形、原料曾否受损、有无不良拼配……所以在品完茶后，用渣匙挑出一些茶叶到叶底盘上，再淋一些清水，让部分茶叶漂浮在水面，就这样传递给客人欣

请客人赏叶底

赏。观赏的人可以用手拿起茶叶来看，也可以将叶子进一步摊开欣赏。

这是茶叶继茶树生长、茶青制成茶叶、茶叶泡成茶汤后的第四个生命周期，它被观赏后将回归大地，分解成各种基本元素。

最后一位观赏者把叶底盘送回操作台上，茶会就这样结束，茶具的清理可以等茶会结束后再做。这时大家要做的是把杯子送回泡茶席。

二十六、泡第二种茶

如果泡茶师还将呈现第二种茶，依所泡的茶决定使用同一把壶，或是另行换一把不同质地的壶。

杯子更不更换都可以，更换时将客人的杯子收回；不更换时，在上一壶茶的最后安排一道“品水”。

如果连杯子都更换，则一切从头开始；如果杯子不更换，则第一道茶的分茶就直接持茶盅奉茶。

二十七、结束

如果茶会已到应行结束的时候，客人赏完叶底，泡茶师将计时器归零，关掉煮水器的热源，收下客人送回的叶底盘。客人看到这里，意会到茶会即将结束，由主客带头，将杯子送回泡茶席的奉茶盘上，并向泡茶师致谢。送回杯子时，先送回者往里面放，外面留给后放的人。泡茶师等大家都把杯子送回，整理一下杯位，起身到门口送别客人。

泡茶师送走客人，回到泡茶席，环顾一下茶具，提起茶盅如果发现还剩有一些茶汤，倒进自己的杯子，将茶喝了。把自己的杯子放回奉茶盘、茶巾收起放回茶巾盘，茶会就这样结束了。

如果因为座位或其他的原因，客人不方便将杯子送回泡茶席，可由泡茶师前往收杯。泡茶师手持奉茶盘，由客人将杯子放回奉茶盘上。如客人未能将杯子往奉茶盘的内部放，泡茶师可协助调整，方便后面送回的杯子。

二十八、主人与泡茶师

主人亲自呈现茶汤作品是最高的茶道待客之道，若主人不善泡茶，可向外邀请泡茶师。邀请别人作为泡茶师时，主人应该在场与客人共同参与茶道艺术的呈现与茶汤作品的欣赏。

二十九、泡茶师与助手

泡茶师可有一位或数位助手，助手协助的项目包括整理品茗环境、准备茶具、泡茶用水、茶食、茶餐，但茶道艺术的呈现，包括泡茶、奉茶、与客人共赏茶汤作品等皆由泡茶师一人执行，只有人数众多或泡茶师行动不便时才由助手协助加水、奉茶、奉茶食等工作。

第八章　其他泡茶法

一、 盖碗茶法

(一) 何谓盖碗茶法

所谓盖碗茶法，是指以盖碗为茶具所形成的泡茶与品饮方法。盖碗通常以“茶碗”为主，上加一“碗盖”，下配一“碗托”，形成所谓三件式盖碗。盖碗茶法包括下列两种形式：

“盖碗组”包括茶碗、碗盖与碗托

以盖碗泡茶兼品饮

将盖碗作为茶壶使用

1.以盖碗泡茶兼品饮。将茶叶放入碗内，冲水、浸泡，茶汤达到适当浓度后就直接以盖碗品饮。

2.将盖碗作为茶壶使用。将茶叶放入碗内，冲水、浸泡，达到适当浓度后将茶汤一次倒入盅内或一次分倒入杯。

盖碗茶法是比小壶茶法更为简便的一种泡茶品饮方式：以盖碗泡茶兼品饮时，就只要这么一组盖碗，简单利落；将盖碗作为茶壶使用时，不但可随时打开碗盖观看茶汤的浓度，而且置茶、去渣、清洗上也比茶壶方便。

也可以只将盖碗作为盛放茶汤的用具，将泡好或调好的茶汤倒于盖碗内请客人品饮。这种状况就是将盖碗作为茶杯看待。

（二）以盖碗泡茶兼品饮

置茶前要不要"温碗"视泡茶水温而定，水温足够或已经偏高，不用温碗；水温有点偏低，则先将盖碗温热。置茶量依使用的情况而定：如果稍后只想喝一道，也就是只冲泡一次，茶叶放汤量的1.5%，如果盖碗的有效容量是150cc，则放2.3克的茶叶。若要喝两道，也就是客人可能待得比较久，期间还要再加一次水，则茶叶放汤量的3.5%，也就是同样150cc的盖碗，放5.3克的茶叶。当然不一定要那么精准，前者可简化为2克，若茶叶粗老一些，则多放一片；后者可简化为5克，若茶叶粗老一些，则多放两片。

浸泡多久才能喝呢？上述只喝一道的情形，浸泡十分钟后才送出去给客人喝，这时茶汤已浸泡得接近标准浓度，水温也降至比适口稍高的程度。客人打开盖子闻香（闻熏于盖底的香气），用盖子搅拌一下茶汤，欣赏茶汤的颜色，观赏茶叶展开后的姿态，而且让茶汤浓度平均，接着盖上碗盖，留出一条细缝，以便滤掉茶渣，就从这个部位品饮茶汤。短时间内无法将茶汤全部喝完也无妨，因为在茶量的控制之下，浓度已经不会变得太浓了。

准备喝两道的情形呢？先冲入半碗该茶所需温度的热水，加盖浸泡两分钟，再冲入半碗温度稍低的热水，使稍后客人饮用时不会太烫。然后端出去给客人，引导客人打开碗盖闻香，搅拌茶汤，观色、赏茶，盖上碗盖喝茶。客人喝茶时，茶叶大概浸泡了三分钟，浓度几近标准，水温也不致太高。一会儿后，主人再度提水壶加水，客人主动掀开碗盖让主人冲泡，若不想再喝，告诉主人。如果自己的碗内尚有上一道留下来的茶汤，第二道冲水后将碗盖打开，让水温加速下降，以免浓度变得太浓。其他已将第一道茶喝完的客人，第二道茶要等六分钟后才达适当浓度，这时主人应帮客人掌握时间，如果怕水温到时还是太高，可提早一两分钟引导客人打开碗盖散热。第二道茶可以慢慢地喝，因为浓度已不至于增加太多。

还想喝三道、四道的情形就不适于使用这种简便式茶法了，应该改用小壶茶法。

（三）将盖碗当茶壶使用

将盖碗作为茶壶使用时，备茶、赏茶等都如小壶茶法，闻香是改以盖碗，打开碗盖，欣赏碗内茶叶散发出来的香气。倒茶是持盖碗将茶全部倒于盅内，持碗的手法是：拇、中指提住碗口的两侧，无名指在后三角的地方协助，食指抵住盖钮。碗盖与碗身间要留出一条大小适中的缝隙，缝隙太小，水流太慢，而且容易从两边外溢；缝隙太大，会有茶渣被冲出来。有人直接持碗将茶分倒入杯，这种方式难免会有茶汤掉落杯外，因为杯小，又要来

持碗倒茶的方式

往倾倒以求浓度平均。所以在以盖碗作为茶壶泡茶的场合，最好将泡妥的茶汤倒于盅内再行分茶入杯。

以盖碗泡茶，可随时打开碗盖，翻动一下茶叶，观看茶汤浓度。在发现水温太高时，也可以打开盖子让其降温。茶汤倒出后，遇到怕被闷的茶叶，可以打开盖子，翻拌一下茶叶让其散热，这样散热的效果比茶壶要来得快。

二、大桶茶法

（一）大桶茶的定义

大桶茶是指一次冲泡大量的茶汤，将茶叶分离后，供许多人在大约一个小时内饮用的泡茶与品饮法。以装一次茶叶冲泡一次为原则。虽然人数不很多，例如只有十人左右，利用一把大茶壶泡一次茶，将茶汤倒于另一把茶壶内备用，或用过滤网的方式将茶渣取出，都属于大桶茶的范围。

大桶茶法

为什么强调一个小时内饮用呢？因为茶汤放置太久，不是温度变凉了就是在保温过程中产生了闷味，所以我们将大桶茶界定在“短时间内的单次性冲泡与饮用”，如果要长时间的供茶，应使用下章所介绍的“浓缩茶法”。

（二）大桶茶的茶水比例

大桶茶的茶水比例可依评茶鉴定杯的方式推算，鉴定杯的茶水比例是以3克的茶，冲泡滚开水150cc，浸泡5~6分钟。3克的茶兑150cc的水，也就是每克兑50cc的水，但我们仍然使用3克为一个计算单位，因为3克刚好是一个人饮用“一次”的茶量，这“一次”若以大茶杯饮用，150cc是颇为适当的份量，150cc也是我们日常喝汤使用的汤碗的份量；这“一次”若换作小杯饮用，150cc也是数杯加在一起很舒服的份量。所以如果有人问您50人的聚会，每人供应一杯150cc的茶，需要准备多少的茶叶，您就可以这样计算：3克×50人=150克。

再以上述方法放大成大桶茶的茶水量，例如80人的同学会，会上预估每人喝两杯100cc的茶，请问要泡多少量的茶汤，以及应买多少茶叶？

茶汤量算法：100cc×2杯×80人=16000cc（即16升），但茶渣会吸掉6~10%的水量，所以冲水量最好补足这部分。如果这次拟冲泡铁观音，这些采成熟叶制成的茶叶冲泡后的吸水量较大（相对的，如龙井、红茶等采嫩芽嫩叶的茶，吸水量就较小），应补足10%，则冲水量应为：16000cc×1.1=17600cc。

茶量的计算一般以未追加时的汤量折算，即：16000cc÷50cc=320克。因为同样的浸泡时间，汤量多时会比汤量少时的浓度高一些，因为水多时持温的能力较强，所以追加的那些水量刚好补救了这项太浓的误差。

浸泡到所需浓度后，将内胆提出

用量杯加入所需份量的热水

（三）大桶茶的泡法

泡大桶茶时先要考虑茶汤与茶渣的分离方法，若有两个茶桶，而且附有排水的龙头，就可以在一个大桶内泡茶，泡至适当浓度后，将茶汤倒于另外一个茶桶内。如果只有一个茶桶，就要准备一个可以滤渣的内胆或滤袋，将茶叶放于内胆或滤袋内，浸泡到所需浓度后，将内胆或滤袋提出。

先在泡茶的桶内加入所需份量的热水（可用“量杯”），或桶本身就是煮水器，调整好水温，将茶叶置入，并设法使茶叶全浸泡到热水，盖上盖子，开始计时。到达预计浸泡时间前一分钟，将茶叶上下搅动一下，倒出一小杯茶汤试饮，若已足够浓度，赶紧将茶渣分离，若尚嫌不足，酌量增加浸泡的时间。大桶茶通常使用大杯子饮用，饮用时也是大口大口地喝，所以浓度最好较小壶茶淡些，若是大杯茶也泡至小杯茶的浓度，在口感上会觉得太浓。大桶茶通常无需温桶，水量多时（如超过五升），浸泡期间尚需打开桶盖一至二分钟，让茶汤散热一下，有利于成汤后香味的清扬。

茶汤泡好后若发觉太淡，尚可回泡一次，若差距不大，不要全部倒回去，只倒回一部分即可；若觉得太浓，可以加些白开水稀释。若茶汤泡好后马上就饮用，不必加盖；若尚有一段时间才饮用，盖上盖子，但留出一些空隙，减少茶汤的闷味，也免得饮用时水温太高。

三、浓缩茶法

（一）何谓浓缩茶法

浓缩茶法就是将茶泡至双倍的浓度，放至常温，饮用时调以另一倍高温的开水，稀释至标准浓度与适口的温度。

这种泡茶与品饮法有三大特点：一是避开茶汤不宜高温存放的缺点，将泡好的茶降至常温，以利香味的保存。二是以兑半杯热开水的方式使茶汤恢复成适口的浓度与温度。三是饮用者长时间随时需要时，经简便的兑水方式就可以有一杯相对高品质的茶汤可喝。

（二）浓缩茶的泡法

浓缩茶的泡法可用“大桶茶”加以修正，也就是把茶量加倍或是水量减半，得到的就是双倍浓度的茶汤。但只将浸泡时间加倍或加得更长是无效的，因为大桶茶的茶、水比例是准备只泡一次的，浸泡五至六分钟，茶的“水可溶物质”已释出得差不多，不会因为浸泡时间的加长而得到双倍的浓度。

浓缩茶的水量一般不会像大桶茶泡得那么多，因为每人只需要一半的汤量，所以在1000cc或更少的水量时，应增高水温5℃左右或延长浸泡时间两至三分钟，因为水量少，易于降温，而且在高浓度的浸泡之下，可溶物质释出的速度也会减缓。所以量少的浓缩茶如果依

浓缩茶与大桶茶使用同样的器具

大桶茶只增加茶、水的比例，茶汤还是达不到双倍的浓度，但水量多时，如5000cc以上就不受影响了。

浓缩茶泡妥后，仍需将茶渣与茶汤分离，并尽速让茶汤温度降低。若是汤量大的场合，浸泡在冷水中降温是可行的方法。放至冰箱冷藏倒可不必，除非准备携带外出，途中茶汤摇晃厉害。

有人或许会想到将茶泡至三倍或更高的浓度，理论上是可行的，但必须将一切控制得更准确，反而失掉了简便的优势。

（三）浓缩茶的应用

在浓缩茶的旁边放置一桶白开水与杯子，饮用者拿着杯子，先倒半杯浓缩茶，再加半杯白开水，就是一杯标准浓度与适口温度的茶。这桶白开水的温度可视气候而定，天气热时，温度不必太高，天气冷时，不妨温度高些。在天气寒冷的地方，还可以把杯子放于保温箱内，使用时才将杯子从保温箱内取出，若没有保温箱，也可以用热水将杯子烫过。

浓缩茶的应用：先倒半杯浓缩茶，再加半杯白开水

浓缩茶还可以作为调味茶与泡沫茶的原料茶，后来加进去的调味料与冰块刚好稀释了茶汤的浓度。加进去的调味料与冰块若份量多时，原料茶的浓度可以加到标准浓度的三倍。

有些浓缩茶在放冷后会有乳化现象，也就是变得白浊，有如加了奶精一般，这种现象在高品质重发酵茶类较易发生，这是自然而无害的，加了热水或直接加温后乳化现象就会消失而恢复原来的汤色。

浓缩茶放置的时间以不超过半天为宜，以免腐败，而且应留意器具的卫生与茶叶的品质，环境的污染与茶叶品质的不良会加速浓缩茶的败坏。

四、含叶茶法

（一）含叶茶的定义

含叶茶是利用控制茶、水比例，使茶叶浸泡至一定时间后，即使茶叶与茶汤不分离，浓度仍固定在所需程度的一种泡茶法与品饮方式。

含叶茶有如大桶茶与浓缩茶，都是简便泡茶法的一种，但含叶茶另有一大特色，就是在单杯或单壶操作时，可以在品饮的同时欣赏舒展以后的茶叶。这种视觉的享受在讲究“枝叶连理”的茶类上特别管用，也就是泡开后仍还原成一心二叶（或只是朵朵芽心）完整外形的茶类，如龙井、白毫乌龙等。在单杯的茶汤销售时，也可增加价值感。含叶茶还便于多人同时饮用不同茶叶的场合。

（二）含叶茶的泡法

前面在介绍盖碗茶时曾谈到过这种泡法。要如何才能使茶叶浸泡到一定时间后就不再继续增加浓度呢？就

盖碗含叶茶

小壶含叶茶

玻璃杯含叶茶

是要控制好一定的茶水比例，使茶叶的“水可溶物质”全释出后刚好达到我们需要的浓度，这个茶水比例大约是：水量(cc数)×1.5%＝茶量(克数)。也因为“水可溶物质”已几乎全部溶出，所以浸泡再久也不会变得太浓。

接下来的问题是要浸泡多久才能使“水可溶物质”几乎全部溶出呢？如果是冲以该茶叶所需温度的热水，时间应是在10分钟。

含叶茶的泡法可有“预泡法”与“一次冲泡法”。

何谓“预泡法”？就是先冲入1/2的热水将茶叶浸泡着，等饮用时再补足剩余的水量。如贩卖“杯饮茶”，先冲入半杯的热水，浸泡10分钟以上，客人购买时再补满成一杯，搅拌一下端给客人，客人拿到时就可以大口大口地饮用，因为茶汤已是标准浓度、适口温度。家里宴客时，可在客人到来之前先将茶放入壶内，冲入半壶的热水浸泡着，等客人一到，补足所需的热水，搅拌一下，马上可以端出去倒茶给客人喝。

至于“一次冲泡法”，是一次冲足所需水量，浸泡至10分钟以后端出去给客人饮用。如利用盖碗招待客人，客人到后才冲水，等10分钟后，搅拌一下端出去请客人喝，这时浓度与温度都已达适当的程度。以壶招待客人时，适当时间才冲入所需的热水，等10分钟后，搅拌一下端出去倒茶给客人饮用。“一次冲泡法”可得到较高的茶汤温度，适宜较长时间的饮用；“预泡法”易于控制适口的茶汤温度，适宜马上大口饮用。

含叶茶所使用的茶量，在上述所谓“水量×1.5%”的标准上，尚可依照茶况加以微调，如嫩采者少放一些，老采者多放一些，苦涩味偏重的茶少放一些。也可依饮用者的口味加以调整，重口味者多放一些，轻口味者少放一些。若小壶茶以含叶茶的方法冲泡，又以小杯子饮用，茶量应增加到水量的2%，因为小杯茶的浓度需要高

冷泡含叶茶

旅行热饮含叶茶，使用保温瓶

一些才好。

大量供应的杯饮茶，可事先将茶叶包成小包，以免份量控制不易，冲水的温度与份量也要严格要求，差一点都达不到“适口温度适当浓度”的要求。每批茶叶包装成小包前应行试泡，视品质的状况做份量上的微调。

五、旅行茶法

（一）何谓旅行茶法

所谓旅行茶法是指使用旅行用茶具与简便的方法完成的泡茶方式与品饮法。

旅行用茶具就是方便携带外出旅行的茶具，包括方便携带与包装两个层面的问题。方便携带方面，如选用质地较坚固的茶具（高度“烧结”者较坚固）、外形无脆弱凸出物者（如细小装饰物）、杯子胎壁较厚者（非薄胎之蛋壳杯）、以热水瓶代替煮水器（热水瓶避免使用玻璃内胆）、省略非必要之器物（如杯托）……包装方面，如器材可重复使用、器材够坚韧、器材无杂味与卫生的顾虑、使用方便、造型美观……

简便的方法如省略温壶、烫杯，煮水壶与泡茶壶合一，善用含叶茶法，不必当场去渣清理等等。

旅行用茶具可大别为下列三大类：个人旅行茶具、多人旅行茶具、登山茶具。

（二）个人旅行茶具

个人旅行茶具基本的配备是“一壶二杯一热水”，出门时将茶叶放入壶内，两个杯子用杯套套着，分别倒扣于壶嘴与壶把上，然后用一条包壶巾将它们包扎起来。找一只旅行用热水瓶装上适温的热水，这样就可以出门了。一壶二杯包扎起来如拳头一般大小，加上500cc左右

个人旅行茶具："一壶二杯一热水"

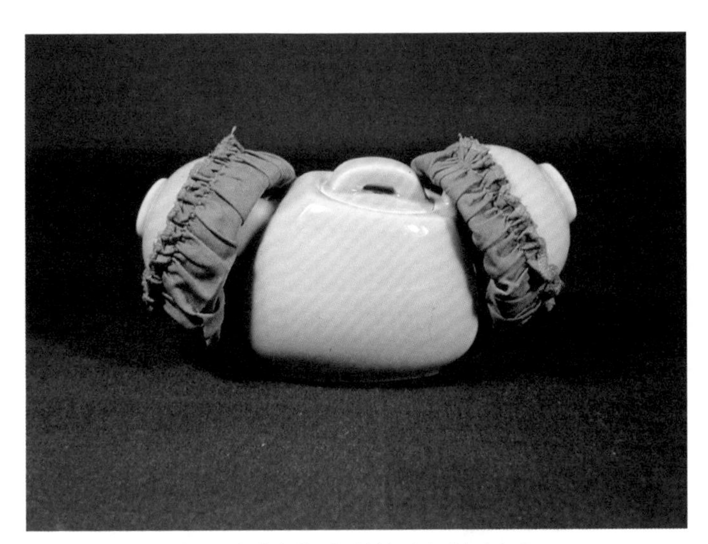

杯子用杯套套着，分别倒扣于壶嘴与壶把上

用一条包壶巾将一盅二杯包扎起来

的小热水瓶，一般的随身旅行袋都可以装得下。

拜访客户时，在飞机上吃过餐点、汽车停下来休息时，打开包壶巾，包壶巾铺在桌上或任何一个平面上作为泡茶巾，壶摆中间，两个杯子取下杯套放在茶壶前方，打开热水瓶冲水，以手表或心算计时，到了适当时间，将茶来回平均倒于两个杯子内。自己一个人时，先喝第一杯，再喝第二杯，旁边有人时，另一杯就请他同饮。

由于省略了茶盅，所以壶的大小应与两个杯子的大小相配，要能一次将茶倒光，若壶大了一点，冲水时要少倒一些。壶的滤渣功能要好，否则倒出太多的茶渣无法喝掉，又没有适当的地方倾倒。壶的断水功能要好，否则倒茶入杯时容易有水滴落在外。

这样连续喝个三四道（若壶的容积在150cc左右），将杯子用纸巾擦拭一下，用杯套套好，倒扣回壶嘴与壶把，用泡茶巾（即原来的包壶巾）包扎起来，结束泡茶。最后一道茶要倒得特别干，以免包装后有残水外流。整套茶具待回家或回餐厅、旅馆后再行清洗。下午或第二天出门时，再放一些茶叶到壶内，则又是有茶相伴的一天。清洗完茶具，若用高温热水烫过，打开壶盖，壶口朝上放在桌面上，壶内水分一会儿就会干的。

这样的泡茶法是不温壶也不烫杯的，所以准备热水时要将温度提高一些，若无足够高温的热水可带，则泡茶时延长一点浸泡的时间。倒完茶，待半分钟后才端茶饮用、才请客人喝茶，让杯子吸点茶汤的热度而不至于端在手上觉得冷冷的，也避免饮用时被茶汤烫着了。

（三）多人旅行茶具

多人旅行时的茶具可用“个人旅行茶具”作基础加以扩充，除了一壶二杯外再加“一盅二杯”，那就有四个人可以喝到茶，而且有茶盅可以“倒茶”与“分茶”，如果一行是五人，那就在“壶”的那一包或“盅”的那一包加一个杯子。为方便奉茶，再加一个“奉茶盘”。为方便计时与擦拭杯子，可准备计时器与茶巾。为便于大家席地而坐，可准备数个可以折叠的坐垫。热水瓶得使用700cc以上的容量。这些茶具用一个提袋装着，一家人或数位朋友出门，喝茶就处处方便了。

如果是两家人一同出去旅行，可每家人都带一套。

可奉茶给多人的旅行用茶具

参加“无我茶会”的旅行用茶具

如果是个人参加“无我茶会”，那这套茶具就是“无我茶会的茶具”（坐垫只要一个）。

使用时打开一条包壶巾铺在地上（或桌上）作为泡茶巾，将茶壶、茶盅、茶巾、计时器摆在上面。茶杯摆在奉茶盘上，置于泡茶巾的前方。热水瓶放在泡茶巾的左侧，坐垫铺在泡茶巾的下方，放茶具的提袋摆在坐垫的右侧。泡茶者坐在坐垫上泡茶，其他的人或围在泡茶者的前方坐下，或就现有的地形，散坐于石块上、草坪上。

（四）登山茶具

除个人与多人旅行茶具外，为什么要强调“登山茶具”？因为既然是登山，应该要考虑到品泉之趣，而且登山或许是数天野宿的情形，所以要将“煮水器”包括进去。煮水器包括装水与烧水两部分，装水的部分应考虑到取水的方便性，甚至于考虑煮好水把茶放进去，兼作茶壶使用。

以上是登大山为节省行李重量与空间而作的考量，

登山茶具

只有煮水壶没有泡茶壶。泡茶的方式是以含叶茶的单次泡法，或是数壶合并使用，一壶煮好水转作茶壶（即将茶叶放进去），其他几壶用以补充开水。

烧水的部分要考虑海拔高度，若气压太低，煮水器要考虑能够加压。

六、抹茶法

（一）何谓抹茶法

抹茶法就是调制抹茶的方法与品饮方式。抹茶不像叶形茶是用浸泡的方式饮用，而是直接用水调开并搅击后饮用。使用“抹茶”一词是迁就日本茶道界的用法，免得重新立名，事实上“抹茶”就是“末茶”。

“抹茶”与速溶茶的所谓“茶精”不同，抹茶是直接把茶叶磨成细粉，含纤维质与不溶于水的成分在内；茶精是将茶叶浸泡出茶汤，将茶汤浓缩成的粉末，只有茶叶可溶于水的成分而已。

粉末茶含食品加工用的与茶道上直接调制来喝的，前者粒子较粗、品质可以不必那么讲究，也比较不易将茶调制成胶溶的状态；后者不只粒子要细，而且苦涩味不能太高，否则不好直接拿来饮用。

（二）抹茶调制法

抹茶的调制是使用茶碗，持茶勺将适量的末茶放入碗内，冲入适量、适温的热水，使用茶筅，以直线形的来回方向快速将抹茶打入水中，并使之成胶溶状态，这时液面会有泡沫层出现。胶溶状况佳者，泡沫层很密很稠，而且历久（如半小时）不消。胶溶状况不佳者，茶、水呈分离状况，抹茶沉淀，喝起来茶汤水水的。

持茶筅打茶时，让茶筅垂直于液面，于水中来回击打，

抹茶是直接把茶叶磨成细粉

持茶勺将适量的抹茶放入碗内

抹茶搅击良好的状况，与搭配的茶食

茶筅不要刮到碗底，打至茶汤变稠、泡沫层形成为止。

打抹茶可一人一碗地打，打完，一人喝一碗，这时汤量不能太多，大概五分之一碗至四分之一碗即可。也可以打好一碗，然后分倒入小杯内请客人品饮，这时汤量就可以依需要而定，而且茶碗要用有倒嘴的“有流茶碗”，这种调制法就称为“抹茶小杯点茶法”。打抹茶的方法自古称为“点茶”。

点抹茶时的茶、水比例可有两种状况：一是所谓的“薄茶”，抹茶用量不多，大约是水量（cc数）的1%（克数）左右。500cc的茶碗，打200cc的茶汤，以渣匙作茶勺，大约放一满勺2克的末茶。如果想浓一点，就加重抹茶的分量。另一种是所谓的“浓茶”，抹茶的用量很多，有人几乎调成膏状。

（三）抹茶品饮法

饮用抹茶若是一人一碗，可以在第一个人饮用完毕后收回茶碗，清洗后再点第二碗给第二位客人，依此类推。也可以准备几个碗，先用第一个碗点给第一位客人喝，再用第二个碗点给第二位客人喝，依此类推，这时茶碗可以在使用后逐个收回，但只放在一旁或直接收回工作间。如果是浓茶，传统上是共同饮用一碗茶，第一个人喝一口后，用纸巾将碗沿擦一下，将碗依顺时钟方向旋转一下，以新的方位传给下一位，下一位依法饮用后再传给下一位，直到五六位来宾都喝了为止。这种状况的客人数是不多的，而且都是主人邀请的至友，所以不会考虑到卫生的问题。

不论是薄茶或浓茶，若是以上述的方法供应，大都只是点上一碗。若使用“抹茶小杯点茶法”，则可以连续点上三四碗，因为每次只是喝一小杯而已。但这种方式应该只适合于薄茶使用，浓茶是不易分倒入杯的，即使

抹茶点法

分倒入杯，能喝到的也有限，因为被杯子一沾黏，会所剩无几。

七、煮茶法

（一）何谓煮茶法

煮茶法是以水烹煮叶型茶，得出茶汤以供品饮的泡茶法与饮用方式。与小壶茶法、含叶茶法等仅是热水或冷水的浸泡不同，它是让茶在热水中滚煮一段时间，直到茶汤达到所需的浓度，将茶汤倒出饮用。

煮茶法比浸泡的方式更容易让茶的香气与水可溶物质释出，但不容易掌控到每次浓度的平均数，所以煮茶法通常只是煮一道，或是边煮边倒边加水再煮，甚或继续加茶，新旧茶一起熬煮。

（二）适合的茶类

原则上什么茶类都可以使用各种茶法（除抹茶法仅适用于抹茶），但我们会选用能将该种茶表现得最好的泡茶法。

煮茶法较适于白茶类与后发酵茶类，如白牡丹、渥堆普洱、六堡等，尤其是这些茶的原料采较成熟叶制成者。这些茶之细嫩者、陈化程度高者，还是优先采取浸泡法；味道变弱后，再继续使用熬煮法。这时浸泡法无法泡出的余味，还可释出供享用。

（三）茶法

以茶干直接煮茶时，放水量cc数的1.5%茶叶克数，如400cc的水，置入400cc×0.015=6克的茶叶。将水煮开后，放入茶叶，用慢火再度煮开，煮到起泡沫，煮到泡沫变稠，泡沫累叠升高至壶口，应是茶汤稠度足够的时候，提起茶壶，将茶汤全倒入茶盅内，然后分茶饮用。

泡沫集结的状态表示了茶汤的稠度，每种茶应有的状态有所不同，应从事测试。

以泡过的叶底煮茶时，以该把煮水壶泡完该种茶后应有的叶底为“叶底煮茶”的茶量，然后煮到上述“泡沫集结的状态”。

（四）注意事项

煮水壶要选用不会有金属元素溶出者，如用铁壶煮茶，容易有铁离子使茶汤变黑，香味变质。除非铁壶内部加烤了一层珐琅。

陶壶、玻璃壶都是适合煮茶的器具

八、冷泡茶法

（一）何谓冷泡茶法

用冷水泡出茶汤以供饮用的泡茶法称为冷泡茶法。是否直接饮用冷茶不受限制，可依个人喜好将茶汤加热后才饮用。这源于咖啡因不太溶于冷水，身体不适于摄取太多咖啡因的人可以通过这种方式来喝茶。冷泡茶后来变成了冷饮的一种品项。

（二）适合的茶类

原则上各类茶都可以使用冷泡茶法，但必须能得出优于其他茶法的茶汤，人们才会选用它。不发酵的各种绿茶，不经焙火的部分发酵茶如包种茶、清香型铁观音、白毫乌龙，全发酵的红茶，及不经渥堆的后发酵茶如青普等，都适合用冷水浸泡；而熏花茶如茉莉花茶，焙火的部分发酵茶如武夷岩茶、凤凰单丛、熟香型铁观音，经渥堆的后发酵茶如渥堆普洱、伏砖、六堡茶等，较不适于冷泡茶法。

（三）茶法

将适当的茶量放入冷水中，浸泡适当时间后，倒出茶汤饮用。

适当的茶量是水量cc数的2%的茶量（克数），如一瓶200cc的矿泉水，放200cc×0.02=4克的茶叶。可依自己喜欢的浓度与茶叶的品质稍作微调。冷水可以是常温水，也可以是冰凉的水，以冰箱冷藏室3℃的水为佳。放哪里浸泡呢？为求水温的冰凉，只好放冰箱内，但外出时只好尽量保冷。浸泡多久呢？4小时，再依自己喜欢的浓度调整，水温提高时浸泡时间要缩短。由于是冷泡茶法，浸泡时间的调整往往是以小时计。

以上的茶水比例是拟以含叶茶的方式浸泡，也就是浸泡到适当浓度后不将茶汤与茶叶分离，就此饮用。简便的方法是晚上取一瓶矿泉水，置入茶叶，放冰箱里，明天外出就有一瓶茶可喝了。若拟将茶汤与茶叶分离，就可加大茶叶的放置量，缩短浸泡时间，适当浓度后将茶汤倒出备用。

如果只是为减少咖啡因的摄取量，但还是喜欢热饮，那就放置加倍的茶量，得出双倍浓度的茶汤，饮用时倒出半杯冷茶，冲入半杯热开水，就是一杯适口的热饮茶了。

（四）注意事项

冷泡茶法不具热水杀菌的功能，所以使用的冰水与茶叶要干净无菌。冰水需事先经过超薄膜过滤掉细菌，或煮开后冷藏备用；茶叶需保存在极干燥的地方且勿受污染；开饮后的冷泡茶尽量在3小时内饮用完毕。

（五）冷泡茶法专用茶

冷泡茶法的浸泡时间很长，这是不方便的地方。制茶界特别为冷泡茶研发出一种专用茶，利用加压后瞬间减压的方法令茶叶的细胞壁破裂，但茶叶的外观是不受影响的。这种茶叶在水中可以加快水可溶物的释出，让冷泡茶不必浸泡那么久。这种茶还能做成滤纸包的小袋茶，可以免去过滤茶渣的麻烦。

九、调饮茶法

（一）何谓调饮茶法

饮用前将茶汤加以调味或处理，使成另一种款式的茶饮料，这种泡饮方法称为调饮茶法。十大泡茶法中的其他九种都是泡出成品茶的原味，成品茶是什么茶就要泡出什么茶的味道，成品茶是熏花茶就要泡出熏花茶的味道，成品茶是掺和茶就要泡出掺和茶的味道，唯独调饮茶法是在泡出茶汤后再加以调味或处理。

调饮茶法是将泡出的茶汤调制成另一种饮品，小壶茶法等另九种泡茶法是将制成的茶叶泡出茶汤。另有不具茶叶的花草茶系列，它已独立成一系统，但也可以像冬瓜茶、苦茶一样，视为非茶之茶而列入调饮茶的家族。

擂茶可视为调饮茶的一种

酥油茶是典型的普洱茶调饮，图为搅击器

造沫的器具之一：摇茶器

（二）适合的茶类

各类茶都可以拿来作为调饮茶的基料茶，如奶茶可以有红茶奶茶、绿茶奶茶、乌龙奶茶、普洱奶茶，只是某些茶的香味特性特别明显，不易与其他调味料或掺和物协调，应用的机会比较少。

应用率最高的是大叶红茶，不只亲和力强，而且香味强劲，在众多调味料与掺和物间仍然喝得出它的存在；其次是绿茶、香片。

（三）茶法

1.**泡好基料茶**。这是调饮茶好坏的关键。其浓度应是纯饮的三倍，否则一经调味、掺和就变得没有茶味了。要维持一定的温度以涵养香气与活性。口感冰凉是最后加入冰块造成的。

2.**调味料**。包括酸、甜、苦、辣、咸等各种调味料与香料。

3.**掺和物**。如鲜奶、珍珠米、新鲜水果粒/片/丝……

4.**调制**。包括温度控制、造沫与否、层次等视觉效果……

5.**容器**。盛装调饮茶的容器。

6.**点心**。搭配调饮茶的点心。

附录

蔡荣章茶道思想大事记

主要茶具作品：

1980年研发无线电茶壶，1981年首批产品上市。

1980年研发泡茶专用茶车，规划茶具四大区块的摆置原则，首批产品于1981年上市。

1988年研发包壶巾、杯套、四折式坐垫等旅行用茶具。

主要茶道作品：

1980年代完成小壶茶法等十大泡茶法及其泡茶原理。

1983年创办泡茶师检定制度。

1989年创办无我茶会，1990年正式对外举办。

1999年创设“车轮式泡茶练习法”。

主要茶道思想：

1980年代，提出第一泡茶汤就要喝。

1990年，提出茶道的独特境界——无。

2000年，提出茶道与抽象艺术。

2001年，提出泡好茶是茶人体能之训练。

2001年，提出茶道空寂之美。

2005年，提出纯茶道的看法。

2012年，提出茶汤市场的观念。

2012年，提出茶道艺术、茶道艺术家、茶道艺术家茶汤作品欣赏会等观念。

2016年，将茶道艺术定位在泡茶、奉茶、品茶。

主要授课科目：

“现代茶思想研讨”

创办、主编刊物：

1980~2008　创办《茶艺》月刊，担任社长兼社论主笔。

2011年~　　http://contemporaryteathinker.com 创办人兼主笔。

2009年~　　担任中国《茶道》杂志专栏作者。

已出著作：

1984年《现代茶艺》（繁体版）

1991年《无我茶会-中日韩英四语》（繁体版）

1995年《现代茶思想集》（繁体版）

1999年《无我茶会180条》（繁体版）

1999年《台湾茶业与品茗艺术》（繁体版）

2000年《茶学概论》（繁体版）

2001年《陆羽茶经简易读本》（繁体版）

2001年《无我茶会180条》（日语版）

2002年《茶道教室——中国茶学入门九堂课》（繁体版）

2003年《茶道基础篇——泡茶原理与应用》（繁体版）

2005年《说茶之陆羽茶道》（简体版）

2006年《茶道入门三篇——制茶·识茶·泡茶》（简体版）

2007年《茶道入门——泡茶篇》（简体版）

2008年《茶道入门——识茶篇》（简体版）

2008年《中华茶艺》（简体版）

2010年《中英文茶学术语》（简体版）

2010年《中日文茶学术语》(简体版)

2011年《茶席·茶会》(简体版)

2011年《中国茶艺》(简体版)

2012年《中国人应知的茶道常识》(简体版)

2012年《中国人应知的茶道常识》(繁体版)

2013年《现代茶道思想》(繁体版)

2013年《无我茶会——茶道艺术家的茶会作品》(繁体版)

2013年《无我茶会——茶道艺术家的茶会作品》(韩语版)

2015年《现代茶道思想》(简体版)

2016年《无我茶会——茶道艺术家的茶会作品》(简体版)

2016年《茶道艺术家茶汤作品欣赏会》(简体版)